理工类地方本科院校新形态系列教材

U0163037

高分子涂料助剂

主　编　陈奠宇
副主编　巴　淼　罗　铭

南京大学出版社

图书在版编目(CIP)数据

高分子涂料助剂 / 陈奠宇主编. —南京：南京大
学出版社，2021.6
ISBN 978 - 7 - 305 - 24537 - 4

Ⅰ.①高… Ⅱ.①陈… Ⅲ.①涂料助剂—研究 Ⅳ.
①TQ630.4

中国版本图书馆 CIP 数据核字(2021)第 106986 号

出版发行　南京大学出版社
社　　址　南京市汉口路 22 号　　　邮　　编　210093
出版人　金鑫荣

书　　名　高分子涂料助剂
主　　编　陈奠宇
责任编辑　刘　飞　　　　　　　编辑热线　025 - 83592146
照　　排　南京开卷文化传媒有限公司
印　　刷　南京人民印刷厂有限责任公司
开　　本　787×1092　1/16　印张 8.75　字数 210 千
版　　次　2021 年 6 月第 1 版　　2021 年 6 月第 1 次印刷
ISBN　978 - 7 - 305 - 24537 - 4
定　　价　29.80 元

网　　址:http://www.njupco.com
官方微博:http://weibo.com/njupco
官方微信号:NJUyuexue
销售咨询热线:(025)83594756

扫码可获取
本书相关资源

前　言

本教材为"理工类地方本科院校新形态系列教材"。

截至 2014 年,中国连续六年蝉联"涂料产销量全球第一"的宝座。到 2016 年,中国全年涂料总产量达到 1 899.78 万吨,约占亚太区 57%,占世界产量比例约 28.5%,已经成为世界涂料行业的核心主体,对全球涂料产业影响举足轻重。随着涂料"消费税"的实施以及《"十三五"挥发性有机物污染防治工作方案》的出台,正式拉开了我国涂料向高质量发展的序幕。

就组成来说,涂料助剂仅占涂料总量的千分之几到百分之几,但其价值却很难用数字来量化,业内一直有"无助剂不涂料"的说法。受限于历史的原因,我国涂料助剂长期徘徊在中低端领域,表面活性剂一度成为助剂的代名词。近 20 年,国外高端助剂,尤其是高分子量的涂料助剂不断涌进我国的涂料市场,德国的毕克公司、荷兰的埃夫卡助剂公司、英国的 ICI 公司,其产品不断冲击着我们的涂料生产线。而国内成规模生产高分子涂料助剂的企业还不多,且产品种类不够齐全,很难满足汽车漆等高端涂料的生产需求。

本书从我国涂料行业高质量发展与需求出发,结合必要的助剂应用基础理论知识,系统地介绍了几类典型的涂料用高分子助剂。希望以此与业内朋友分享,共同进步。

书稿虽经多次校改,但限于编者水平,书中缺点和错误在所难免,敬请读者批评指正。

编　者
2021 年 3 月

目　录

第1章　绪论

1.1　涂料简介

1.1.1　涂料的概念

涂料是指涂覆到物体表面,能形成坚韧的连续涂膜,起到保护、装饰、标志或其他特殊功能的一类物料的总称。

涂料历史悠久,我国在几千年前已经使用天然原料树漆、桐油作为建筑、车、船和日用品的保护和装饰涂层。埃及人在史前时代已经用阿拉伯胶、蛋白等来制备色漆用于装饰。11 世纪开始用亚麻油制备油基清漆;17 世纪含铅的油漆得到发

图 1-1　涂料

展;1762 年在波士顿就开始用石磨制漆。此后,工业制漆得到迅速发展。由于当时使用的主要原料是油和漆,所以人们习惯上称它们为油漆。随着社会的发展,特别是化学工业的发展以及合成树脂的出现,油漆的原料种类得到极大丰富,性能也变得优异多样,因此,"油漆"一词已不能恰当反映它们的真正含义,而比较确切的应该称之为"涂料"。

1.1.2　涂料的发展简史

现代涂料工业始于 20 世纪 20 年代,杜邦公司开始使用硝基纤维素作为喷漆,它的出现为汽车提供了快干、耐久和光泽好的涂料。20 世纪 30 年代,W. H. Carothes 以及他的助手 P. J. Flory 对高分子化学和高分子物理的研究,为高分子科学的发展奠定了基础,也为现代涂料的发展奠定了基础。20 世纪 30 年代开始有了醇酸树脂,后来它发展成为涂料中最重要的品种——醇酸漆。第二次世界大战时,由于大力发展合成乳胶,为乳胶漆的发展开阔了道路。20 世纪 40 年代,Ciba 化学公司等发展了环氧树脂涂料,它的出现使防腐蚀涂料有了突破性发展。20 世纪 50 年代开始使用聚丙烯酸酯涂料,由于它具有优越的耐久性和高光泽,结合当时出现的静电喷涂技术,又出现了高质量的金属闪光漆,使汽车漆的发展又上了一个台阶。在 20 世纪 50 年代,Ford Motor 公司和 Glidden 油漆公司发展了低污染的水性漆、阳极电泳漆,PPG 又发展了阴极电泳漆,进一步提高了涂料防腐蚀的效果,为工业涂料的发展做出了贡献。20 世纪 60 年代,聚氨酯涂料得到较快的发

展,它可以室温固化,而且性能特别优异,尽管价格较高,但仍受到重视,成为最有前途的现代涂料品种之一。粉末涂料是一种无溶剂涂料,它的制备方法更接近于塑料成型的方法,于20世纪50年代开始研制,由于受到当时涂装技术的限制,直到70年代才得到较大发展。20世纪80年代涂料发展的重要标志是杜邦公司发现的基团转移聚合方法,它可以控制聚合物的相对分子质量和相对分子质量分布以及共聚物的组成,是制备高固含量涂料用聚合物的理想聚合方法。有人认为,它是高分子化学发展的一个新的里程碑,同时也为涂料工业的迅速发展提供了强有力的支撑。但单是高分子科学并不能使涂料成为一门独立的学科。涂料不仅需要有聚合物,还需要各种无机和有机颜料以及各种助剂和溶剂的配合,借以取得各种性能。为了制备出稳定、适用的涂料及获得最佳的使用效果,还需要有胶体化学、流变学、光学等方面的理论指导。因此,涂料科学是建立在高分子科学、有机化学、无机化学、胶体化学、表面化学和表面物理、流变学、力学、光学和颜色学等学科基础上的新学科。

目前为止,世界涂料已经发展到一个较高的水平,尤其是发达国家涂料品种已经日益完善,其产品结构、消费领域和主要生产厂商见表1-1至表1-3。

表1-1　发达国家涂料产品结构

涂料品种(按成膜物质分类)	市场份额(%)
醇酸涂料	25
丙烯酸涂料	20
乙烯基涂料	15
聚氨酯涂料	14
聚酯涂料	10
环氧涂料	8
氨基涂料	4
其他涂料	4
合计	100

表1-2　世界涂料主要消费领域

	建筑涂料	工业涂料	特种涂料
美国	46%	40%	14%
西欧	54%	32%	14%
日本	26%	54%	20%
全世界	45%	40%	15%

表1-3 世界十大涂料生产商

序号	公司名称	总部所在地	涂料销售额(亿美元)	市场份额(%)
1	Akzo Nobel	荷兰	60	9
2	ICI	英国	54	8
3	Sherwin-Williams	美国	51	8
4	DuPont	美国	48	7
5	PPG	美国	46	7
6	BASF	德国	40	6
7	Kansai	日本	28	4
8	Nippon Paint	日本	22	3
9	Valspar	美国	18	3
10	RPM	美国	15	2

我国近代涂料工业的萌芽始于20世纪20年代,1949年新中国成立以后得到稳步发展,1978年改革开放后进入高速发展期。认识我国涂料工业的发展,必须知道以下几个历史性时刻:

1915年,阮蔼南、周元泰以一台搅拌机、几只熬油锅创办了上海开林油漆厂,宣告了中国近代涂料工业的诞生。创办于1915年的开林造漆厂是中国近代涂料工业的开山鼻祖。

图1-2 1915年的上海开林油漆厂

1916年,安徽督军倪嗣冲在天津开办了第一家油漆厂,这就是现在天津灯塔油漆的前身。

1916年,邵晋卿在上海开办振华实业公司,手工制造双旗牌原漆;1917年,振华实业公司将独资改为合资,成立了第一家合资油漆厂——天津大成油漆厂。后于1920年成立振华油漆股份有限公司,生产"飞虎"牌油漆。

1921年,冯国璋之子冯叔安等人在天津创办了东方油漆厂,聘请德国人为技师,自行研制的猫牌磁漆打败了当时在天津热销的日本"鸡牌磁漆",被称为"小猫吃掉了小鸡",长了中国人的志气,提升了民族自信心。

1926年,陈广顺和沈慈辉在上海合资开设了永固造漆有限公司,生产长城牌油漆。

1928年,汉口建立了建华油漆厂,即现在的武汉双虎涂料公司。

图1-3 20世纪30年代永明漆厂工人合影

1929年,中国近代涂料工业的奠基人——陈调甫先生创办了永明油漆厂,并于1929

年5月生产出第一批清漆、厚漆等。1931年,陈调甫先生带领从大学中招聘的毕业生梁兆雄、王绍先等人,成功研制"永明漆",质量超过美国的酚醛漆,一举成名,"永明漆"也成了名牌产品。

图1-4 20世纪60年代天津油漆厂生产场景

1929年、1932年、1934年,永华油漆厂、万里油漆公司和上海喷漆厂相继成立,上海民族工业从此出现涂料行业的雏形。

1937年,日军全面侵华,大多数油漆厂均被日军接管或捣毁,中国涂料工业几近瘫痪。

1950年,湖南湘江涂料创立,是新中国成立后最早建立的涂料企业之一。

1956年,安徽安庆造漆厂成立,即现在的安徽菱湖漆前身。

1958年,顺德第一家涂料厂——龙江化工厂成立;同年,陕西社会福利加工厂(宝塔山漆前身)、杭州油墨油漆厂(现浙江大桥油漆有限公司)、南京造漆厂(现长江涂料)相继成立。

1965年,江门市造漆厂成立;1973年,上海南汇防水涂料厂(现汇丽涂料)成立;1979年,乙丙乳液涂料在北京研制成功。

1978年以后,涂料行业得以高速发展。1991年,前民族涂料第一品牌——华润涂料成立。同年,鸿昌化工、桂洲四基化工(现金冠涂料)、江苏大象东亚制漆等一批优秀的涂料企业相继成立。1992年,立邦涂料强势登陆中国,一举成为"乳胶漆"的代名词;1993年,仇启明(被誉为中国涂料教父)在顺德创立顺德联邦化工(现嘉宝莉集团);陈辉庭在鹤山创立汇龙涂料。1994年,渝三峡作为首家涂料企业成功上市,拉开了涂料产业与资本握手的运营模式。

2014年,中国涂料总产量达到1648.19万吨(图1-5),主营业务收入3867.59亿元,利润总额276.26亿元。中国连续六年蝉联"涂料产销量全球第一"的宝座。

2015年,中国涂料总产量达到1717.58万吨,营销额达到4142.2亿元,利润总额306.37亿元。

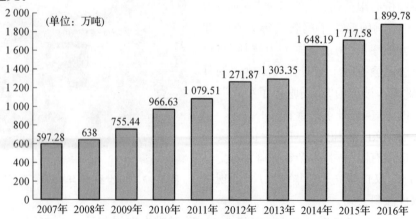

图1-5 近十年全国涂料产量

2016 年 8 月,涂料业"十三五"发展规划出炉,到 2020 年,涂料行业总产量增长到 2 200 万吨,总产值预计增长到 5 600 亿元。国家重点培育 2～3 个销售额超过 50 亿元、具有国际竞争力的大型涂料企业集团。

中国涂料总产量 2016 年达到 1 899.78 万吨,2017 年达 2 041 万吨,2018 年约 2 515 万吨。2016 年,根据世界涂料行业及亚太涂料行业产销量总体规模,中国全年涂料产量约占亚太区 57%,占世界产量比例约 28.5%,已经成为世界涂料行业的核心主体,对全球涂料产业影响举足轻重。

2017 年 3 月,环保部发布关于征求《危险废物排除管理清单(征求意见稿)》;2017 年 4 月,环保部发布《国家环境保护标准"十三五"发展规划》;2017 年 9 月,环保部等六部委联合印发《"十三五"挥发性有机物污染防治工作方案》,以此指明了中国涂料未来发展的总方向。

我国涂料行业产量区域集中度较高,产业布局具有明显的区域性,据 2013 年统计数据显示,我国涂料产量主要分布在广东(301 669 688 吨)、上海(151 830 283 吨)、江苏(122 041 179 吨)、山东(98 540 098 吨)以及湖南(92 040 456 吨)等地区。

表 1-4 中国涂料行业部分知名企业名单

公司名称	公司名称
上海华谊精细化工有限公司	嘉宝莉化工集团股份有限公司
武汉双虎涂料有限公司	锦州钛业有限公司
中华制漆(深圳)有限公司	南京长江涂料有限公司
昆明中华涂料有限责任公司	泉州三威化工有限公司
北京红狮漆业有限公司	上海保立佳化工股份有限公司
湖北天鹅涂料股份有限公司	上海华生化工有限公司
安徽菱湖漆股份有限公司	山东奔腾漆业股份有限公司
浙江大桥油漆有限公司	山东乐化漆业股份有限公司
江苏长江涂料有限公司	山东益利油漆有限公司
新疆红山涂料有限公司	山西亮龙涂料有限公司
江门市制漆厂有限公司	深圳市景江化工有限公司
广州市五羊油漆股份有限公司	沈阳张明化工有限公司
爱仕得涂料系统(上海)有限公司	三棵树涂料股份有限公司
安徽省金盾涂料有限责任公司	武汉力诺化学集团有限公司
百合花集团股份有限公司	信和新材料股份有限公司
东莞大宝化工制品有限公司	营口宝山生态涂料有限公司
福建德至贤环保新材料有限公司	浙江飞鲸新材料科技股份有限公司
福建省腾龙工业公司	浙江天女集团制漆有限公司
奉化区裕隆化工新材料有限公司	浙江鱼童新材料股份有限公司

公司名称	公司名称
富思特新材料科技发展股份有限公司	中山市阿里大师化工实业有限公司
广东华润涂料有限公司	展辰涂料集团股份有限公司
广东华隆涂料实业有限公司	淄博嘉丰化工科技发展有限公司
广东千叶松化工有限公司	科慕化学（上海）有限公司（杜邦）
海虹老人涂料（中国）有限公司	欧宝迪树脂（深圳）有限公司
河南佰利联化学股份有限公司	赢创特种化学（上海）有限公司
惠州市长润发涂料有限公司	PPG 工业公司
江苏晨光涂料有限公司	龙沙（中国）投资有限公司
江苏三木集团有限公司	瓦克化学（中国）有限公司
江苏理文化工有限公司	关西涂料（中国）投资有限公司
德国劳尔公司	江门日洋装饰材料有限公司
君子兰化工（上海）有限公司	兰州科天环保节能科技有限公司
润泰化学股份有限公司	上海海悦涂料有限公司
山东齐鲁漆业有限公司	湖南湘江涂料集团有限公司
山西佳宇丰化工科技有限公司	西安经建油漆股份有限公司
深圳海川新材料科技有限公司	石家庄市油漆厂
沈阳金飞马制漆有限公司	安徽凤凰涂料科技有限公司
苏州吉人高新材料股份有限公司	陕西宝塔山油漆股份有限公司
温州鹨鹨漆科技有限公司	广西梧州龙鱼漆业有限公司
厦门固克涂料集团有限公司	西北永新涂料有限公司
冶建新材料股份有限公司	常州光辉化工有限公司
浙江传化涂料有限公司	阿克苏诺贝尔太古油漆（上海）有限公司
浙江丰虹新材料股份有限公司	安徽菱湖涂料股份有限公司
浙江厦光涂料有限公司	北京赛德丽科技股份有限公司
中山大桥化工集团有限公司	重庆江南化工股份有限责任公司
中华制漆（深圳）有限公司	大连裕祥科技集团有限公司
紫荆花化工（上海）有限公司	东莞市彩之虹化工有限公司
爱仕得涂料系统（杜邦）	福建豪迪涂料科技股份有限公司
威士伯公司	福建鑫展旺集团有限公司
巴斯夫（中国）有限公司	佛山市顺德区巴德富实业有限公司
河北晨阳工贸集团有限公司	广东四方威凯新材料有限公司
湖南三环颜料有限公司	广东巴德士化工有限公司

(续表)

公司名称	公司名称
杭州法莱利化工涂料有限公司	广东千色花化工有限公司
江苏大象东亚制漆有限公司	广东汇龙涂料有限公司
江苏兰陵化工集团有限公司	海洋化工研究院有限公司
宣伟涂料(上海)有限公司	江苏双乐化工颜料有限公司
毕克助剂(上海)有限公司	天津灯塔涂料有限公司
陶氏化学(中国)投资有限公司	重庆三峡油漆股份有限公司
塞拉尼斯(中国)投资有限公司	广东珠江化工涂料有限公司
海虹老人(中国)有限公司	广东宝兰山新材料科技有限公司
伊士曼化学公司	江门市新合盛涂料实业有限公司
佐敦涂料	

1.1.3　涂料的功能

(1) 保护作用

涂料最重要的一个功能是它的保护作用,它可保护材料免受或减轻各种损害和侵蚀。金属、木材等材料长期暴露在空气中,会受到水分、气体、微生物、紫外线等的侵蚀而逐渐被毁坏,涂料则能延长物件的使用寿命。金属的腐蚀是世界上最大的浪费之一,全世界每年因腐蚀而损失的钢铁可达钢铁产量的四分之一左右。涂料的使用可将这种浪费大大地降低,它能在物件表面形成一层保护膜,防止材料磨损和碰撞以及隔绝外界的有害影响。涂料对金属还能起到缓蚀作用,例如磷化底漆可使金属表面钝化,富锌底漆则起到阳极保护作用。一座钢铁结构的桥梁如果不用涂料,只能有几年寿命,如用涂料保护并维修得当,则可以使用几百年以上。有些设备采用防腐蚀涂料后,则可用普通碳钢代替价格较高的不锈钢。火灾是对人类生命安全最大的威胁之一,用防火涂料是一种重要的防火措施。涂料还可以保护各种贵重设备在严冬酷暑和各种恶劣环境下正常使用,可以防止微生物对材料的侵蚀。世界上许多古文物,包括古埃及金字塔、我国的敦煌莫高窟以及其他古建筑,由于缺乏涂料的合理保护而受到风雨侵蚀,面临破坏,使用现代涂料是防止它们进一步损害的最重要的保护措施。

(2) 装饰作用

涂料可以起到装饰的作用,古时候最早的油漆就主要是用于器具的装饰。随着人们物质文化生活水平的不断提高,对商品的外表及包装要求档次越来越高,现代涂料更是将这种作用发挥得淋漓尽致。涂料将我们周围的世界,包括城市市容、家庭环境乃至个人装点得五彩缤纷。通过涂料的精心装饰,可以将火车、轮船、自行车等交通工具变得明快舒畅,可使房屋建筑和大自然的景色相匹配,形成一幅绚丽多彩的图画,更可使许多家用器具不仅具有使用价值,而且成为一种精美的装饰品。对于一台外表极粗糙的设备,若涂装上一种锤纹漆,就可使其身价倍增。可以说涂料的作用是油画家油墨的扩展,是环境美化师不可缺少的调色剂。因此,涂料对于提高人们物质生活与精神生活有着不可估量的作用。

(3) 色彩标志作用

涂料可作为管道、机械设备上的标志。比如蒸汽管用红色,上水管用绿色,下水管用黑色,以使操作人员易于识别和操作。工厂的化学品、危险品也用涂料做标志,以识别其性质。交通运输的标志牌和道路的划线标志,常用不同色彩的涂料来表示警告、危险、前进、停止等信号,以保证安全。目前,国际上对涂料作标志正逐渐标准化。

图 1-6 涂料的标志作用

(4) 功能作用

涂料还具有某些特殊功能。如船舶被海洋生物附着会影响航行速度,加速船体的腐蚀;涂上专用的涂料,就可杀死或驱散海洋生物,使之不再附着,从而保证航行速度,并延长船舶使用寿命。电器设备涂上导电涂料,可移去静电,绝缘涂料可起绝缘作用。电阻大的涂料可用于加热、保温。侦察飞机涂上能吸收雷达波和红外线的涂料,可以产生隐身作用。火箭、地球卫星和宇宙飞船等航天器由于进入大气层受到气流和微粒的摩擦冲击、雨点的腐蚀、太阳及宇宙射线的辐射,需涂上特殊的涂料加以保护。另外,还有许多其他特殊功能的涂料,如示温涂料、感湿涂料、杀毒抗菌涂料等,不再一一列举。

综上所述,在科学技术日新月异的今天,涂料无不应用到国民经济的各个领域。

1.1.4 涂料的分类

涂料的分类有以下几种方法。

第一种按用途分类:如建筑用涂料、电气绝缘用涂料、汽车用涂料、船舶用涂料等。

第二种按涂料的作用分类:如打底漆、防锈漆、防火漆、耐高温漆、头度漆、二度漆等。

第三种按涂膜的外观分类:如大红漆、有光漆、无光漆、半光漆、皱纹漆、锤纹漆等。

第四种按成膜物质来分类,它是目前最普遍的分类法:如环氧树脂涂料、醇酸树脂涂料等。

结合我国实际情况,原化工部有关部门对涂料的分类和命名进行了统一规定,将涂料产品分为 18 类,见表 1-5。

表1-5　涂料的分类

序号	代号	类别	主要成膜物质
1	Y	油性漆类	天然动植物油、清油(熟油)
2	T	天然树脂漆类	松香及其衍生物、虫胶、乳酪素、动物胶、大漆及其衍生物
3	F	酚醛树脂漆类	改性酚醛树脂、纯酚醛树脂、二甲苯树脂
4	L	沥青漆类	天然沥青、石油沥青、煤焦沥青、硬脂酸沥青
5	C	醇酸树脂漆类	甘油醇酸树脂、季戊四醇醇酸树脂、其他改性醇酸树脂
6	A	氨基树脂漆类	脲醛树脂、三聚氰胺甲醛树脂
7	Q	硝基漆类	硝基纤维素、改性硝基纤维素
8	M	纤维素类	乙基纤维素、苄基纤维素、羟甲基纤维素、醋酸纤维素等
9	G	过氧乙烯漆类	过氧乙烯树脂、改性过氧乙烯树脂
10	X	乙烯漆类	氯乙烯共聚树脂、聚醋酸乙烯共聚物、聚二乙烯乙炔树脂、含氟树脂等
11	B	丙烯酸漆类	丙烯酸酯树脂、丙烯酸共聚物及其改性树脂
12	Z	聚酯漆类	饱和聚酯树脂、不饱和聚酯树脂
13	H	环氧树脂漆类	环氧树脂、改性环氧树脂
14	S	聚氨酯漆类	聚氨基甲酸树脂
15	W	元素有机漆类	有机硅、有机钛、有机铝等元素有机聚合物
16	J	橡胶漆类	天然橡胶及其衍生物、合成橡胶及其衍生物
17	E	其他漆类	未包括在以上所列的其他成膜物质,如无机高分子材料、聚酰亚胺树脂
18		辅助材料	稀释剂、防潮剂、催干剂、脱漆剂、固化剂等

涂料的命名原则规定如下:命名——颜料或颜色名称＋成膜物质名称＋基本名称。例如红醇酸磁漆,锌黄酚醛防锈漆等。对于某些专业用途及功能特性产品,必要时在成膜物质后再加以说明。例如醇酸导电磁漆,白硝基外用磁漆等。

1.1.5　涂料的组成

涂料由不挥发成分和溶剂两部分组成。涂饰后,溶剂逐渐挥发,而不挥发成分干结成膜,故称不挥发成分为成膜物质。涂料组成中没有颜料的透明液体称为清漆,加有颜料的不透明液体称为色漆(磁漆、调和漆、底漆),加有大量颜料的稠厚浆状体称为腻子。

(1)成膜物质

成膜物质具有能黏着于物面形成膜的能力,因而是涂料的基础。成膜物也称黏结剂或基料,它是涂料中的连续相,也是最主要的成分,没有成膜物的表面涂覆物不能称之为涂料。成膜物的性质对涂料的性能(如保护性能、机械性能等)起主要作用。成膜物一般为有机材料,在成膜前可以是聚合物也可以是低聚物,但涂布成膜后都会形成聚合物膜。

它主要有以下几种：

① 油脂　用于涂料的主要是各种植物油，其主要组成是甘油三脂肪酸酯。包括月桂酸、硬脂酸、软脂酸、油酸、亚油酸、亚麻酸、桐油酸、蓖麻油酸等。根据它们的干燥性质，又可分为干性油、半干性油和不干性油。早期的涂料，人们都是用天然油脂为基料进行调配而成。它们的特点是原料易得，涂刷流动性好，有较佳的渗透力，膜层具有一定伸缩性。但由于天然油脂存在许多缺点，如耐酸、耐碱性差，不耐磨，干燥速度慢等，因此二次大战后逐渐被各种合成树脂所代替。

② 树脂　按树脂的来源可分为天然树脂和合成树脂。

用于涂料的天然树脂有松香及其衍生物、纤维素衍生物、氯化天然橡胶、沥青等。由于松香软化点低，故常将松香与石灰、甘油、顺丁烯二酸酐反应制得松香衍生物，然后与干性油炼成涂料，使其涂膜硬度、光泽、耐水性方面有很大改观，常用于普通家具、门窗、金属制品的涂装。纤维素类包括硝酸纤维素、醋酸纤维素、乙基纤维素等。它们制成的涂料干燥迅速，涂膜光泽好，坚硬耐磨，但耐水性不够。氯化橡胶制的涂料耐化学性、耐水性、耐久性都较好，但不耐高温和油。沥青则常用于制造各种金属及木材的防腐涂料，它的耐水性和耐化学性都较好。

合成树脂是目前涂料工业中大量使用的成膜物质，它们通常是无定形、半固体或固体的聚合物。常用的合成树脂有酚醛树脂、醇酸树脂、氨基树脂、丙烯酸树脂、环氧树脂、聚氨酯树脂等。由于合成树脂的发展，为涂料工业提供了广泛的新型原料来源，它们制成的涂料在耐化学性、耐高温、耐老化、耐磨性、耐水、耐油性及光泽度等方面达到了天然树脂根本无法实现的程度，给涂料工业的发展提供了更广阔的应用前景。

（2）颜料

颜料赋予涂膜许多特殊的性质，如使涂膜呈现色彩，遮盖被涂物表面，增加厚度和光滑度，提高力学强度、耐磨性、附着力和耐腐蚀性等。它们通常是固体粉末，自己本身不能成膜，但溶剂挥发后会留在涂膜中。常用的颜料有以下几种：

① 白色颜料　主要有钛白、锌白和锌钡白。钛白的化学成分是二氧化钛（TiO_2），其遮盖能力非常好，耐光、耐热、耐酸碱，无毒性，是最常用的白色颜料。锌白即氧化锌，它着色力较好，不易粉化，但遮盖力较小。锌钡白又称立德粉，是硫化锌和硫酸钡的混合物，遮盖力和着色力仅次于钛白，缺点是不耐酸，不耐曝晒，不宜用于室外涂料。

② 黑色颜料　主要有无机类炭黑和氧化铁黑及有机类的油溶黑等。炭墨是一种疏松而极细的无定形炭末，具有非常高的遮盖力和着色力，化学性质稳定，耐酸碱、耐光、耐热。氧化铁黑分子式为 $Fe_2O_3 \cdot FeO$，其遮盖力较高，对光和大气作用稳定，并具有一定的防锈作用。

③ 彩色颜料　包括无机类和有机类两种。无机彩色颜料主要是各种具有色彩的金属无机化合物，如铬黄（铬酸铅及硫酸铅的混合物）、铁黄（$Fe_2O_3 \cdot H_2O$）、铁红（Fe_2O_3）、铁蓝（又称普鲁士蓝，$Fe_4[Fe(CN)_6]_3$）等。无机彩色颜料性能好，价格低廉，但不及有机颜料色彩鲜艳。有机颜料为可发色的有机大分子化合物，它们色彩鲜艳，色谱齐全，性能好，如酞菁蓝、耐晒黄、大红粉等，但一般价格较高。

④ 金属颜料　主要为金属的超细粉，如银粉（铝粉）、金粉（铜锌合金粉）等。

⑤ 体质颜料　又称填料,用于增加涂膜的厚度和体质,提高涂料的物理、化学性能,常用的有重晶石粉(天然硫酸钡)、碳酸钙、滑石粉、石英粉等。

⑥ 防锈颜料　主要用于防锈涂料中,它们的化学性质较稳定,例如氧化铁红、云母氧化铁、石墨、红丹(Pb_3O_4)、锌铬黄、偏硼酸钡、铬酸锶、磷酸锌等。

⑦ 珠光颜料　是近年得到人们看好的一种高级装饰颜料,使用最广泛的是云母珠光颜料。它是将超细云母粉在一定 pH 值的铝盐、铬盐或铁盐溶液中处理,再经高温焙烧转型,形成可闪烁各种金属珠光色彩的颜料。它可用在汽车、电器、高级日用品以及高档包装用品上。

（3）助剂

涂料助剂被认为是涂料产品的一类重要组成材料,它们的用量一般很小,但却对提高和改善涂料的性能起到十分关键的作用。随着我国涂料工业的发展和涂装技术的进步,涂料助剂的品种越来越多,作用也越来越广泛。它可以改进生产工艺,改善施工条件,提高产品质量,赋予涂料以特殊功能,助剂已成为涂料中不可缺少的组成。在合成树脂涂料中,没有不使用助剂的。无论是建筑涂料、工业涂料(如汽车涂料、船舶涂料、家电涂料、防腐涂料、彩钢涂料等),还是特殊功能性涂料(如宇航隔热涂料、舰艇防污涂料、耐核辐射涂料、示温涂料、耐高温涂料等),都必须使用助剂才能得到预期的性能。涂料助剂的使用水平,已成为衡量涂料生产技术水平的重要标志。涂料助剂品种繁多,应用广泛。据不完全统计,可达几千种之多。涂料助剂的作用可归纳为以下几个主要方面:

① 在涂料生产过程中调解反应体系的状态,引发或催化反应的进行。

② 提高涂料成品的稳定性。如防结皮、防沉等,延长涂料的贮存期。

③ 改善涂层表面状态。如促进流平、消泡、防流挂、防发花等,消除漆膜弊病,提高膜的质量。

④ 赋予漆膜以新的功能,如抗紫外、耐磨、耐高温、促干、防霉、防燃、防静电等。

⑤ 加入某些助剂可使涂料适合新的涂装工艺。如光引发、低温快干等,便于进行工业化连续生产。按其功能,可有以下几种主要分类:

a. 催干剂　是一种能加速涂膜干燥的物质,又名干料。它对漆膜的干化、聚合起促进作用,经常使用的催干剂是环烷酸、油酸、松香酸的金属盐类及钴、锰、铅、铁、锌和钙等的金属氧化物。

b. 增塑剂　它们是一类与成膜物质具有良好相容性而不易挥发的物质,其作用是增加涂膜的柔韧性、强度和附着力。常用的增塑剂如邻苯二甲酸二丁酯、邻苯二甲酸二辛酯、磷酸三苯酯、氯化石蜡等。

c. 表面活性剂　这是涂料助剂中能起到表面活性作用的一大类助剂的总称。它包括了湿润剂、分散剂、乳化剂、消泡剂等。由于在它们的分子结构中含有亲水亲油两部分,或者含有能与涂料某组分发生作用的功能团,少量加入即可显著改变气-液、液-液、液-固等界面性质,起到渗透、润湿、乳化、增溶、分散、稳定、发泡等作用。常用的有脂肪酸皂,磺酸盐阴离子表面活性剂,烷基酚聚氧乙烯醚类非离子表面活性剂,阳离子、两性离子表面活性剂以及某些醇类、酯类等。

d. 增稠剂　增稠剂可以改善涂料的流动性、施工性,克服流坠的弊病。它在涂料中构成网络结构,使其在需要的剪切速度下具有牛顿性或触变性。最开始人们使用水溶性天然胶,之后出现乳化型增稠剂。目前,已研究出的高性能合成高分子增稠剂逐步取代了第一代和第二代增稠剂。

e. 流平剂　流平剂能促使涂料在干燥成膜过程中形成一个平整、光滑、均匀的涂膜。它可降低涂料与基材之间的表面张力,使涂料与基材具有最佳的润湿性,能调整溶剂的挥发速度,降低黏度,提高涂料的流动性。流平剂按涂料类型分粉末涂料用、乳胶涂料用、水性涂料用流平剂。主要品种有丙烯酸系流平剂,聚醚侧基改性的硅氧烷和磷酸酯型流平剂,氨基甲酸酯化聚酯和烷基乙烯基醚共聚物等。

另外,还有防沉剂、防结皮剂、防霉剂、防缩孔剂、增滑剂、抗静电剂、导电剂、消光剂、偶联剂、紫外线吸收剂、抗氧剂、引发剂、阻聚剂和 pH 值调节剂等。

1.1.6　涂料的发展趋势

未来涂料呈现出以下发展趋势:(1)涂料种类日益完善。长期以来,涂料种类发展的不完善一直是制造业的一大弊端。随着制造业的不断发展,对涂料体系的完善性要求将越来越突出。(2)功能涂料的市场需求不断增大。(3)健康环保是涂料发展的主流方向。

1.2　涂料助剂

1.2.1　涂料助剂概述

涂料用助剂是一种加入少量(通常为 0.1%~5%)就能对涂料性能产生重大影响的材料。

据 Kusumgar,Nerlfi & Growney 咨询公司介绍,2009 年在涂料和油墨助剂中,用量最大的五类助剂是流变助剂、消泡剂、分散剂、防滑耐磨剂和润湿剂。其中,涂料助剂约占80%,油墨助剂约占 20%。这五种助剂全球消耗约为 78 万吨,35 亿美元。亚洲约占40%,欧洲和北美约各占 25%,世界其他地区约为 10%。

1.2.2　涂料助剂的作用

助剂是涂料工业的"味精"。其作用大致如其名称所述,但绝不限于名称。

一是任何助剂,如果使用得当,就会发挥事半功倍的正面作用,但它们也必然会有副作用。如润湿分散剂,能降低水的表面张力,促进颜料填料的润湿分散,提高其分散稳定性,同时有利于涂料对基面的润湿。但润湿分散剂在生产和施工中,会产生气泡;成膜后,润湿分散剂留在涂膜中,就成为渗透剂,从而提高涂膜的吸水性,降低耐水性和耐洗刷性。

二是任何助剂,其用量均以能解决问题为度,超量使用是花钱买副作用。如消泡剂使用过量,涂膜会缩孔。

三是要十分注意助剂之间的相互作用。要把助剂放在涂料体系中考虑,如乳液的乳化剂,色浆的润湿分散剂和增稠剂等,都要统一考虑,不能就单一助剂论助剂。要尽量使其相互增益,互为协同作用,即 1 加 1 大于 2,防止相互抵消,甚至出现麻烦。

四是要从助剂的组成、结构和作用机理出发,在理论上把握助剂使用。同时要通过试验和不断实践,积累经验,逐步进入会使用和巧使用的自由王国。

1.2.3　涂料助剂的分类

为了学习和使用的方便,人们将助剂进行分类。

按使用在何种涂料产品中进行分类,助剂可分为溶剂型涂料用助剂、水性涂料用助剂、粉末涂料用助剂等。这种分类被广泛使用,但这只是粗线条的分类。

按功能分类,助剂可分为以下几种:

① 改善涂料加工性能类,如润湿剂、分散剂、消泡剂、防结皮剂等。

② 改善涂料贮存性能类,如防沉剂、防腐剂、增稠剂、冻融稳定剂、润湿剂、分散剂、防结皮剂等。

③ 改善涂料施工性能类,如增稠剂、触变剂等。

④ 改善涂料固化成膜性能类,如催干剂、固化促进剂、光引发剂、成脱助剂、交联剂等。

⑤ 改善涂膜性能类,如附着力促进剂、流平剂、防浮色发花剂、光稳定剂、防粘连剂等。

⑥ 赋予涂料特殊功能类,如阻燃剂、防霉剂、防污剂、抗静电剂、疏水剂、光催化剂等。

从以上分类可见,有些助剂具有一种功能,而另一些助剂却具有多种功能。

Gite 等将助剂分为两类。一类是构述型助剂(constructive additives),它能产生和提高涂料的某一性能。这类助剂如润湿分散剂、防腐防霉剂、缓蚀剂、催干剂、催化剂、增稠剂、防污剂、流平剂、整合剂。另一类是校正型助剂(corrective additives),它能减少和消除涂料的缺陷。这类助剂如防结皮剂、防冻剂、消泡剂、消光剂、成膜助剂。这种分类其实也是按功能分的。

当然,还有其他不同的分类法。比如按照助剂分子量大小分为小分子助剂和高分子助剂等。

1.2.4　涂料助剂的作用

涂料助剂是涂料的辅助原料。涂料助剂一般不能成膜,通常加入量很少,只占涂料总量的百分之几到万分之几不等,但对基料形成涂膜的过程与性能起着非常重要的作用。

涂料助剂可以明显改进涂料的生产工艺,提高涂料的质量,赋予涂料特殊的功能,改善涂料的施工条件。在主要成膜物质相同的情况下,加入涂料助剂与不加入涂料助剂的涂料会在质量和性能上出现极大的差异。虽然助剂是涂料的辅助成膜物质,但已成为涂料中不可缺少的组成部分,人们常把它称为涂料的"味精"。目前,涂料助剂的使用水平已成为衡量涂料生产技术水平的重要标志。

涂料品种很多,故助剂也形成数百上千品种。助剂的使用和选择都具有针对性,必须根据涂料和涂膜的不同要求而决定。在正常情况下,同种涂料性能和价格不同主要反映了助剂添加品种及质量的差异。

1.2.5 涂料助剂的发展史

人们很早在使用天然树脂(如桐油)生产涂料时,就已经注意到使用黄丹(密佗僧)可加快涂膜的干燥,形成了较早的一种传统催干剂。表面活性剂由于分子结构中同时含有亲水和亲油基团,少量加入即可显著改变界面性能。在 1929 年,表面活性剂首次被引入乳液聚合的领域,出现第一项乳液聚合专利,为发展水分散乳液体系的涂料奠定了基础。应该说,没有乳化剂的发现和引入涂料领域,就不可能有当今世界上占涂料总产量近一半的乳胶涂料的现状。随着世界经济的发展,不同的工业领域对适用于其产品的涂料提出了各种不同的要求,并在向多功能化、安全、环保、低能耗、水性、高固体份、快干等方向发展。为适应这种要求,各种具有不同功能的助剂在建筑涂料、工业涂料(汽车涂料、家电涂料、防腐涂料、船舶涂料、卷材涂料、家具涂料等)或是功能性涂料(如防火涂料、高温涂料、隔热涂料、防污涂料、耐核辐射涂料、光固化涂料等)中,得到广泛的研究和开发。

目前,应重点开发的新型助剂,如水性涂料用助剂(乳胶漆、水性工业漆及电泳涂料专用助剂),高固体份、粉末涂料、无溶剂涂料等用助剂,具有交联和反应功能的助剂。这些助剂的开发及应用又能进一步促进这类环保型涂料的技术进步。

① 乳化剂。发展水溶性低分子量聚合物代替传统乳化剂、实现无皂聚合,研究反应型、功能性乳化剂及氟碳表面张力调节剂等。

② 流平剂。研究高效、相容性广泛,具有可重涂性、不含有机硅的流平剂。

③ 分散剂。发展高分子分散剂和带有高效稳定基团的分散剂。

④ 防污剂。研究高效低毒无锡防污剂及天然产品提取物防污剂和多功能防污剂。

⑤ 防霉剂。研究高效安全性的防霉杀菌剂和混合防霉剂。

⑥ 引发剂。研究官能团引发剂和新型光敏引发剂。

⑦ 消光剂。研究低污染水性、无溶剂涂料用消光剂及对光泽无影响高分子蜡消光剂。

⑧ 流变剂。研究酰胺蜡和微凝胶型流变剂。

⑨ 增稠剂。发展 PU 类增稠剂及综合型增稠剂。

虽然涂料助剂种类繁多,但涉及高分子量助剂的品种主要局限于分散剂、消泡剂、流平剂、增稠剂等少数几个种类,下面我们将逐一进行介绍。

第 2 章　超分散剂

2.1　超分散剂的分散原理

　　超分散剂是一类新型的聚合物型分散助剂,它在分子结构上摆脱了传统分散剂的局限性,因而在非水介质中具有良好的分散效果。国外从七十年代开始超分散剂的研究工作,并于八十年代中期推出了相关产品,其主要应用特点有:(1)快速充分地润湿颗粒,缩短达到合格颗粒细度的研磨时间。(2)可大幅度提高研磨基料中的固体颗粒含量,节省加工设备与加工能耗。(3)分散均匀,稳定性好,从而使分散体系的最终使用性能显著提高。超分散剂最早是为解决颜料粒子在有机介质中的分散问题而研究开发的,目前已在非水性涂料与油墨中获得了广泛应用,其应用领域正逐步扩展至填充塑料、陶瓷浆料及磁记录材料等领域。日前,全世界只有 ICI、Dupont、Sun Chemical、KVK 等少数几家国际知名的大公司生产超分散剂产品(其中主要是 ICI 公司的 Solsperse 系列产品),其生产技术受到严密封锁,产品以垄断价格进行销售。国内对超分散剂的研究起步很晚。国内期刊在九十年代初期才出现对超分散剂的介绍性报道。

2.1.1　颜料粒子分散过程

　　一般而言,颜料等固体颗粒在涂料等分散体系中要经过润湿、分离、稳定三个阶段(见图 2 - 1)。颜料二次团粒体的表面上吸附了水、空气等物质,要将其分散到树脂基料中必须有一个润湿过程,首先要降低颜料和分散介质之间的界面张力,让树脂基料和助剂完全取代颜料团粒表面上的吸附物。如果亲水的颜料在水性体系中或疏水颜料在溶剂型涂料中,因为极性相近,润湿过程较为简单;但反过来假若亲水性颜料分散在溶剂型涂料中或疏水性颜料分散在水性涂料中,润湿就较为复杂,必须使用润湿分散剂。

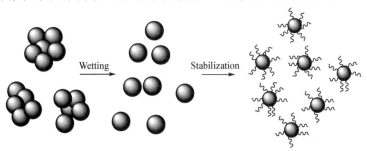

图 2 - 1　颜料粒子分散过程示意图

颜料粒子首先被树脂基料润湿,颜料表面的固体-空气界面被替换成固体-液体(树脂)界面。接着,团聚态的颜料大颗粒在机械冲击和剪切力等作用下被破碎成较小的颜料粒子,呈现出粒径均匀分布的悬浮分散状态(粒子在破碎过程中继续被树脂等基料润湿)。最后,在超分散剂的锚固、包覆等作用下,颜料粒子逐渐趋于稳定的分散状态。

2.1.1.1 颜料粒子的润湿

润湿是分散过程的第一个关键步骤,其本质是由固/气界面向固/液界面转变的过程。在这个过程中,润湿效率主要取决于颜料粒子表面构成与其分散体系中各组分间相互作用(表面张力)的程度。另外,颜料团粒中空隙的大小及长度也会影响润湿效率。同时,颜料粒子团聚体本身存在诸多细小裂隙,分散体系在润湿时一般要先渗透到裂隙内部,因此黏度的大小也是确保润湿速度和润湿效果是否良好的关键因素之一。综合起来,润湿效率的决定或者影响因素及其程度大小可以通过 Washborre 公式了解:

$$\text{润湿效率} = K\,\frac{r^3}{\eta\iota}\,\gamma_{F1}\cos\theta \tag{1}$$

式中 K 为常数,γ_{F1} 为基料的表面张力,θ 为接触角,r 为颜料颗粒间的间隙半径,ι 为颜料颗粒间的间隙长度,η 为基料黏度。

根据公式可以看出表面张力、颜料团粒的孔隙大小,以及分散介质与润湿效率的关系。颜料与分散介质之间的固/液界面张力造成的扩散压力是影响颜料润湿的主要因素,界面张力低会使扩散压力变大,润湿效率会提高;而颜料团粒的孔隙小而长会降低润湿效率。分散介质会影响润湿速度,分散体系的黏度和润湿速度表现为反比的关系,一般情况下,润湿速度会随着黏度变小而逐渐增大。因此,通过选择合适的分散介质、改善粒子的润湿性或对其进行化学或物理的表面处理,可以实现粒子表面与分散介质间的良好匹配。

2.1.1.2 颜料粒子的分离

颜料粒子的分离是在分散过程中运用机械能(如球磨、超声波或高速捣碎机)的剪切力将附聚体或团聚体进行打破从而分离出初级粒子的过程。为了使颜料粒子具有更好的应用性能,通常应尽可能使粒子研磨足够均匀,确保粒径分布控制在较窄的范围内。分散机械设备提供的剪切力是影响颜料粒子分离的主要因素。一般来说,分离速度会随着剪切力的增大而增大,同时粒子分离的均匀化程度也会越高;在聚集体破碎为初级粒子的过程中,润湿过程也会在分散助剂的帮助下有效实施,所以分离过程的好坏也影响着润湿的效率。用于涂料生产的研磨设备常见的有搅拌砂磨分散多用机、立式或者卧式砂磨机、高速搅拌机等。

2.1.1.3 分散体系的稳定

初级粒子由于粒径较小,总表面能巨大,粒子间具有很强的吸引作用,极易再次团聚而导致沉降的产生。因此,如何获得稳定的颜料分散体,对制备出高质量的颜料浆至关重要。使已分散的颜料粒子在体系中稳定的目的是使颜料粒子在经过分离后其粒径大小及分布基本保持不变,不会因为粒子间静电吸引或分子间作用力而重新团聚,并能较长时间贮存,保持颜料浆性能稳定。为了获得稳定的颜料浆,要求介质或者助剂在粉碎的过程中能迅速润湿新形成的粒子表面,这样新形成的粒子表面就会被分散介质所隔离;另外,为了防止粉碎后的粒子发生二次团聚或絮凝,需要在颜料粒子表面包裹形成一层吸附屏蔽层,起到稳定化作用。这样,超分散剂的选择与运用就水到渠成了。

在粒子的分散工艺中,超分散剂在稳定化过程中起到了关键作用,当超分散剂在粒子表面形成有效吸附层后,可以抑制粒子间团聚的趋势,确保粒径大小均匀,使分散粒子在分散体系中处于稳定形态,防止其产生絮凝沉降。

目前,针对分散体系的较为成熟的稳定机理有三种理论模型:

(1)双电层排斥稳定机理(DLVO 理论)

DLVO 是在胶体稳定方面解释质点分散与絮凝比较完善的理论,该理论用粒子之间的吸引能和排斥能的相互作用解释胶体分散的稳定性,揭示了颗粒表面所带电荷与稳定性的关系。

DLVO 理论认为,由于带电粒子吸附在颜料表面,产生的静电作用会确保超分散剂中的反离子在颜料表面形成双电层,被分散的颜料粒子之间既存在范德华引力,也存在着双电层所产生的静电排斥力(见图 2-2),引力位能和斥力位能的相互平衡确保了颜料粒子在涂料体系中的稳定存在。这一理论可以很好地分析与解释离子型分散剂在分散体系中对系统的影响,并且对离子强度、聚电解质及表面电势对固体颗粒分散稳定性的影响做出了合理的预测。这对设计并开发新型水性超分散剂具有一定的指导意义。

(2)空间(立体)稳定机理

空间稳定机理最初是在研究非水介质中高聚物对颗粒的吸附发展而来,它弥补了DLVO 在解释非水介质中分散体系的絮凝和稳定机理方面的不足。空间稳定机理的理论基础为渗透排斥理论和熵稳定理论。一旦超分散剂在粒子表面形成了完整的吸附层,当粒子有团聚倾向且间距小于吸附层厚度两倍时,粒子间就会产生排斥能,阻止其团聚,实现分散体系的稳定化状态。其中,对于排斥能的产生有两种理论,渗透排斥理论认为吸附层之间在互相渗透的过程中,吸附层的重叠会产生过剩的化学势 E,从而在颜料粒子之间产生渗透排斥作用;而熵稳定理论则认为吸附层之间距离的减小是压缩造成的,这种压缩使溶剂化链的构型熵 S 减小,体系的自由能 G 就会上升,从而产生熵排斥效应,如图 2-3。

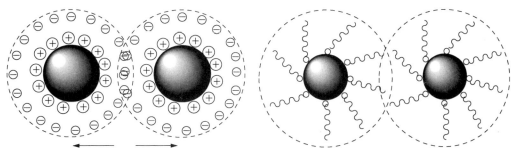

图 2-2　双电层模型　　　　　图 2-3　空间稳定机理模型

(3)竭尽稳定机理

竭尽稳定机理是 Napper 在 1983 年提出的,该理论认为在相互靠近的颜料粒子间,高分子浓度低于分散介质中高分子的平均浓度,而超分散剂中溶剂化链的聚合物属性

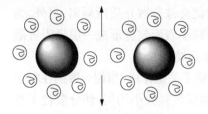

图 2-4 竭尽稳定模型

会成为介质中高分子向该空间迁移的诱因,因而会引起体系中自由能的变化,从而产生斥力阻止颗粒凝聚(如图 2-4)。但是这种理论本身还不够成熟,也不适用水性或非溶剂体系,仅仅在良溶剂体系中有一定的针对性(与本论文体系相对吻合);与前两种理论相比,还需要进一步的探讨与研究。

2.1.2 超分散剂的结构特征

超分散剂的结构主要分为两部分,其中能够与待分散颗粒表面形成化学或者物理作用的部分称为锚固基团,如硫酸基、羧酸基、磺酸基及其盐、聚醚及多元醇、多元胺等。选用什么样的锚固基团主要根据颗粒表面极性的强弱而定,目的是通过离子键、共价键、氢键或者范德华力等方式作用在固体颗粒表面形成牢固的吸附。一般来说,锚固基团在超分散剂分子结构中所占的比例较少,约占 5%~10%,而溶剂化链才是超分散剂的主体,占超分散剂结构的 90% 以上。目前溶剂化链的分类按照极性大小,主要分为低极性的聚烯烃链、强极性的聚醚链和中等极性的聚丙烯酸酯链或聚酯链等。溶剂化链与分散介质必须有良好的相容性,在介质中具有充分伸展的构象,能够充分发挥其溶剂化的作用;同时确保超分散剂在固体颗粒表面形成紧密的包覆层,防止其重新团聚,造成沉降或者絮凝等不利的影响。

超分散剂与传统的表面活性剂型分散剂虽然在结构上都含有亲水亲油基团,但相比于传统分散剂,超分散剂具有更明显的结构与性能优势,主要体现在两个方面:一方面,锚固基团可以根据固体颗粒的表面特性来选择,基团数目与作用力大小都可以根据需要进行分子设计,以保证超分散剂与待分散固体颗粒表面形成牢固的结合;另一方面,是以溶剂化链替代了传统的表面活性剂的亲油基团。表面活性剂的亲油基团一般以烷烃链结构为主,这种结构对于中等极性或强极性的介质相容性差,在介质中伸展效果不理想。此外,由于表面活性剂的亲油基团分子尺寸较小,导致在颗粒表面形成的吸附层厚度有限,很难获得足够的空间位阻效应。而超分散剂的溶剂化链为聚合物链,在进行分子设计时聚合单体可以根据分散介质的特性而定,并且聚合物的分子量也可以进行有效的调节,这样溶剂化链与分散介质就有了良好的相容性。同时,又能保证颗粒表面的超分散剂吸附层达到足够的厚度,可以阻止固体颗粒因为静电作用或者分子间吸引力而重新团聚,从而实现在分散介质中稳定贮存。

2.1.3 超分散剂的作用机理

超分散剂的作用机理分为两种:锚固机理与稳定机理。

1. 锚固机理

对于具有不同物理化学结构特征的待分散固体颗粒(一般以极性大小不同加以区分),超分散剂往往可以采取不同的锚固方式。以涂料体系中常用的颜料粒子为例,依其化学结构,可有多种不同的基团作为锚固点与超分散剂产生作用。锚固行为通过不同的方式体现出来。

当粒子表面极性较强时(如无机颜料钛白粉、铁红、铬黄等),官能团较活跃,反应活性大,通常这类颜料粒子与锚固功能团以离子对的形式形成键合,构成"单点锚固",如图 2-5(a)。锚固基团与粒子表面之间的酸碱性相异或电荷相异,都会造成相互吸引进而形成离子对。而常见的能与带电荷或酸性/碱性基团产生锚固作用的功能基团包括 SO_3、—SO_3H、—PO_4、—$COOH$、NR_2、NR_3^+ 等。

对于绝大多数有机颜料而言,表面极性相对较弱,反应活性也不如无机物质强,离子对的作用方式不足以实现有效的锚固吸附。但由于其表面仍具有一定的极性基团,因此具备形成氢键的能力,超分散剂可以通过氢键的形式吸附于颜料颗粒表面。考虑到氢键键能较低,因此要保证超分散剂与颜料粒子表面之间形成理想的吸附强度,则需要在结构上设计出含有多个锚固基团的超分散剂,如图 2-5(b)。常用的锚固基团有多元胺、多元醇以及聚醚等。

另外还有少数完全非极性的有机颜料(如超细炭黑、石墨烯、碳纳米管等),其表面不具备可供超分散剂锚固的活性点位,导致超分散剂对颜料表面吸附效果差,很难发挥分散或者稳定的作用。在这种情况下,可将超分散剂与表面增效剂共同使用形成协同效应[如图 2-5(c)],以期对颜料粒子表面达到牢固吸附的目的。理想的表面增效剂既具有高分子的特征(分子量达到齐聚物的等级),同时又具有与颜料粒子相似的分子结构,一旦将它们混合,增效剂能以范德华力吸附于非极性粒子表面形成"假活性位",超分散剂能借此实现定向吸附,达到分散颜料的生产效果。

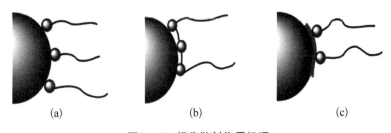

图 2-5　超分散剂作用机理
(a) 为单点锚固;(b) 为多点锚固;(c) 为协同作用

2. 稳定机理

分散体系一般都是由固体颗粒、高分子树脂和分散介质组成的多相混合体,所以当含有超分散剂的分散体系在研磨时,会发生超分散剂、树脂、分散介质对颗粒表面的竞争吸附。而超分散剂的锚固基团经过合理设计总能优先吸附于物质表面形成致密而牢固的吸附层。超分散剂的用量通常也以形成这一致密的单分子吸附层为标准,由于吸附层中超分散剂的浓度较高,导致溶剂化链处于拥挤状态,进而被迫伸展以减弱彼此之间的相互作用。同时,由于溶剂化链与分散介质又具有良好的相容性,溶剂化作用的结果使溶剂化链受到远离固体颗粒表面的拔离力。上述两种因素使吸附层中的超分散剂采取相对较为伸展的构象,并且溶剂化链对外显示出一定的刚性。当两个吸附有超分散剂的固体粒子相互靠近,还没有发生重叠时,相互作用不会发生,而当吸附层重叠即在物质表面间距小于两倍吸附层厚度的情况下,两个吸附层之间就会产生相互排斥作用。这时会发生两种现象:渗透压效果(ΔG_M)和熵斥力(ΔG_V)

根据 Hesslink,Ottewwill 等人的计算公式：

$$\Delta G_M = \frac{4\pi KT C_a^2}{3 V_1 \rho_2^2}(\psi_1 - K_1)\left(\delta - \frac{h}{2}\right)\left(3a + 2\delta + \frac{h}{2}\right) \qquad (2)$$

其中 C_a 为吸附层中聚合物的浓度，V_1 为溶剂分子的体积，ρ_2 为聚合物自身的密度；ψ_1，K_1 为聚合物在被稀释时的热力学参数（ψ_1 是熵值，K_1 是焓），δ 为吸附层厚度，a 为颜料粒子半径，h 为粒子间距离。

$\psi_1 - K_1$ 是通过测定聚合物的黏度得出的数值，在良溶剂中为正值，在不良溶剂中为负值，所以，在良溶剂中 $\Delta G_M > 0$，此时吸附层会显示出排斥力，并且排斥力会随着 C_a 的增大而增大。若 δ 增大，就形成远距离排斥作用。而熵斥力（ΔG_V）还没有像以上那样系统的公式出现，但其基本原理是当两个带着吸附层的粒子重叠时，重叠区域内，聚合物链会被压缩而造成自由度下降，吸附分子的熵值减小，而一个稳定的分散体系总是会朝熵增加的方向自发变化，所以这时物质颗粒之间会出现相互分开的倾向，这就是熵斥力作用的结果，其数值变化趋势与 ΔG_M 大体一致。

在颜料分散体系中，超分散剂牢固吸附于颜料颗粒表面形成包覆层，使粒子间产生排斥作用，进而抑制其结合趋势。其中溶剂化链与分散介质（树脂基料）必须具有良好的兼容性，这样被包覆的粒子在发生重叠时，$\psi_1 - K_1$ 为正值，产生的渗透压与熵斥力均大于0，形成排斥力确保粒子不会重新团聚；溶剂化链的长度在确保不发生相互缠结的情况下，颗粒吸附层中聚合物的浓度 C_a 适中，以提供足够强度的排斥力。

2.1.4 超分散剂的作用

超分散剂以其独特的结构与作用机理，适量添加到涂料中可大幅度地提高颜料着色力，同等情况下减少颜料使用量，提升涂料产品的品质，并且可适度降低生产成本。

（1）提高研磨效率，节省生产成本：在漆料研磨阶段，加入的超分散剂能够快速地渗透并吸附于破碎的新生粒子表面，进行有效的润湿，促使颜料粒子表面更快形成一定厚度的保护层，避免颜料粒子重新团聚，从而提高了研磨效率，在一定程度上降低能耗和生产成本。

（2）提高着色力：在涂料生产过程中，适量的超分散剂，可以明显降低涂料的细度，由于颜料粒子表面积增大，致使粒子与树脂间亲和力也增强，从而使颜料的着色力明显提高。

（3）降低涂料黏度，提高色浆固含量：采用合适的超分散剂，可以有效降低涂料漆的黏度，增强流动性。还可以增加颜料的载入量，提高生产效率。

（4）防止返粗，提高涂料贮存稳定性：除树脂体系外，分散剂是影响涂料贮存稳定性的重要因素，通过添加超分散剂可以抑制颜料粒子重新团聚，进而有效防止色浆发生返粗而产生颜色的变化等问题。

（5）增加展色性和颜色饱和度：加有超分散剂制得的漆膜色相及饱和度会有明显差别。通常添加超分散剂会使颜料分散效果更好，漆膜饱和度也会相应地随之提高。

（6）防浮色发花：涂料产生浮色发花的现象主要是由于有色颜料絮凝引起，通过添加超分散剂来实现解絮凝的目的,改善粒子表面性质来预防或者控制浮色。如路博润公司的超分散剂 Solsperse - 32500,具有较好的抗絮凝性能,并能够增加涂料贮存稳定性。

2.2 超分散剂的分类

目前涂料中使用的超分散剂主要依据其应用体系进行分类。根据应用体系中树脂与分散介质的相对状态,可将超分散剂划分为溶剂型和水性超分散剂。

水性超分散剂按离子属性来划分,分为阳离子型、阴离子型、非离子型以及两性离子型超分散剂。其中非离子型和阴离子型超分散剂在水性涂料中应用广泛。水性非离子型超分散剂多为聚氧乙烯醚、聚氧乙烯、聚氧丙烯醚及其改性产品,如 Degussa 公司的 Tego - 740W,Lubrizol 公司的 Solsperse 20 000 等在建筑涂料、水性油墨、水性工业漆等行业都有很高的客户保有率。水性阴离子型超分散剂多为聚丙烯酸(酯)的共聚物,其中 Degussa 公司的 Tego - 716W、德国 BYK 公司的 BYK - 154 等在水性乳胶漆、工业漆中具有优异的市场效应。

溶剂型涂料因其溶剂种类和成膜物质的特性不同,所涉及的介质较为复杂,不同介质组成的涂料对分散助剂有不同的要求。随着制造行业对溶剂型涂料要求的日益提高,目前应用于溶剂型涂料的分散剂几乎都具有了高分子化的发展趋势。大体上可以按照溶剂化链的不同分为以下四类:

(1) 以聚酯主链结构为主的活性衍生物

这类超分散剂主要针对粉末涂料或工业涂料中高极性体系,如汽车漆、卷涂漆、木器漆等。其结构如下所示:

$$[T-(O-A-C-O)_n]_p-Z$$

式中:Z 为多元胺及聚亚胺的残基,n 值介于 $2 \sim 10$ 之间,$p \geqslant 2$,A 为 C8 $\sim$ 20 的线型亚烷基或链烯基,T 为链终止基或端基封闭基团。

如埃夫卡公司的 EFKA - 5010 主要成分为带酸性的聚酯和聚酰胺,可有效润湿分散钛白颜料,应用范围涵盖工业漆、卷钢漆等领域。另外,上海三正是目前国内较大的超分散剂生产公司,旗下 CH-系列超分散剂大多数为胺改性聚酯衍生物,针对不同的分散体系都有对应的型号产品如 CH - 6、CH - 7 和 CH - 8,主要用于分散单偶氮红颜料、酞菁蓝颜料,在汽车漆和船舶漆、油墨等体系中应用广泛。

(2) 聚氨酯类

这类超分散剂的结构特点是主链或接枝的侧链上均匀分布着聚氨酯链段或氨基甲酸酯基团,而锚固基团则一般为苯环或叔胺结构。此类超分散剂性能全面且优异,在中高极性分散介质中能实现对各种颜料的分散。如埃夫卡公司的分散剂产品 EFKA - 4050、4060,其结构为改性聚氨酯,可分散各种有机、无机颜料,并且制备出的颜料浆黏度低,具有良好的展色性,尤其适用于高级工业漆如汽车原漆和修补漆,卷钢涂料等。但正因为聚氨酯类超分散剂本身具有较高的极性,使得其在极性较低的涂料体系中分散效果不理想,再加上此类助剂较高的价格,所以目前应用范围较为有限。

(3) 接枝聚丙烯酸酯的共聚物

此类超分散剂结构中含有一定的亲水基团(羧基),所以也适用于水性体系。其特点是溶剂化链的相对分子质量有较大的可设计空间,与聚氨酯类型超分散剂相比,分散能力稍差,但稳定性同样好。聚丙烯酸酯型超分散剂适用于从低极性到高极性的聚丙烯酸涂料体系,而且价格适中,所以应用范围较广。德国 BYK 公司开发的 BYK-2000,在含醋酸丁酸纤维素的底色漆和所有面漆中,可有效防止颜料的再絮凝;日本共荣社KYOEISHA 生产的 Flowlen-33、34,对颜料炭黑能够有效润湿分散,尤其在提高炭黑漆黑性方面具有突出效果。

(4) 聚醚类

聚醚型分散剂的主要成分为环氧丙烷、环氧乙烷、四氢呋喃等单体的均聚物或共聚物。有文献报道以二乙醇胺作为起始剂,在一定条件下与环氧醚物质反应得到如下结构超分散剂,该超分散剂可在高极性介质中对无机颜料有效分散。由于此类超分散剂结构中含有较多亲水基团,所以对于大多数水性与油性涂料均适用,如德国 Degussa 公司研发的 Tego-650、651 为水油两用分散剂,在建筑涂料、木器漆、油墨等体系中均可使用。

$$\begin{matrix} C_2H_5 \\ \\ C_2H_5 \end{matrix} N-C_2H_4O\!\!-\!\!\left(\!C_2H_4O\!\right)_{10}\!\!\left(\!C_3H_7O\!\right)_{20}\!\!H$$

在溶剂型超分散剂中,以上四类超分散剂非常具有代表性。随着涂料超分散剂越来越精细化,对超分散剂的性能要求也越来越高,促使学者们不断研发新型超分散剂,例如开发与被分散颜料粒子基团结构相似的特种颜料专用超分散剂等。

2.3　典型的超分散剂

(1) Disperbyk-115、Disperbyk-160、Disperbyk-161、Disperbyk-162、Disperbyk-163、Disperbyk-164、Disperbyk-166、Disperbyk-167、Disperbyk-169、Disperbyk-182溶剂型涂料用的高分子量润湿和分散助剂

供应厂商:德国毕克化学公司(BYK)

组分:含亲和颜料基团的高分子量嵌段共聚物溶液

性能及用途:

商品名	胺值 (mg KOH·g⁻¹)	密度 (g·cm⁻³)	不挥发份	溶剂
BYK-115	25	0.96	52	二甲苯∶乙酸丁酯∶丙二醇甲醚醋酸酯=5∶1∶1
BYK-160	12	0.95	29	二甲苯∶乙酸丁酯=6∶1
BYK-161	11	1.02	30	丙二醇甲醚醋酸酯∶乙酸丁酯=6∶1

（续表）

商品名	胺值 （mg KOH·g^{-1}）	密度 （g·cm^{-3}）	不挥发份	溶剂
BYK-162	13	1.01	38	二甲苯：乙酸丁酯：丙二醇甲醚醋酸酯＝4：2：5
BYK-163	10	0.99	45	二甲苯：乙酸丁酯：丙二醇甲醚醋酸酯＝1：1：3
BYK-164	18	1.03	60	乙酸丁酯
BYK-166	20	0.97	30	乙酸丁酯：丙二醇甲醚醋酸酯＝4：1
BYK-167	13	1.05	52	乙酸丁酯：丙二醇甲醚醋酸酯＝1：2
BYK-169	17	0.96	30	乙酸丁酯
BYK-182	13	1.03	43	二丙二醇甲醚：乙酸丁酯：丙二醇甲醚醋酸酯＝4：4：7

这些高分子量助剂通过空间位阻使颜料解絮凝。它们对不同电荷的颜料提供相同的电荷，因而使颜料避免了可能的共絮凝。由于解絮凝的颜料颗粒很小，可获得高光泽、透明度、遮盖力和改进颜色强度，并降低涂料黏度，改进流平及提高颜料的含量。

Disperbyk-115 适用于工业产品涂料、高级建筑漆及颜料浓缩浆，混溶性宽广，可降低漆浆的黏度。

Disperbyk-160 适用于高质量涂料，是本类产品中分子量最高的助剂。

Disperbyk-161 是 Disperbyk-160 的代用品，它的分子量分布、极性和有效性与 Disperbyk-160 很相似。

Disperbyk-162 主要用于木器和颜料浓缩浆的生产，它的分子量和极性比 Disperbyk-161 稍低。

Disperbyk-163 分子量比 Disperbyk-162 更低，极性较低，主要用于工业产品涂料和颜料浓缩浆的生产，它比 Disperbyk-161、Disperbyk-162 对各种基料的混溶性更宽广。

Disperbyk-164 的分子量与 Disperbyk-163 相似，但极性较低，固体含量较高，它不含芳烃，适用于颜料浓缩浆及工业产品涂料。

Disperbyk-166 是 Disperbyk-161、Disperbyk-162、Disperbyk-163 类的新增助剂，它的分子量与 Disperbyk-161 的相似，但极性更高。

Disperbyk-167 是 Disperbyk-163 的不含芳烃的品种，其应用性质与 Disperbyk-163 相同。

Disperbyk-169 是 Disperbyk-161 的极性品种，为专门用于双组分且树脂羟值超过200（例如高固体飞机涂料）的体系而开发的。

Disperbyk-182 的应用领域广泛，能兼与溶剂型及水性体系所混溶。用于溶剂型颜料浓缩浆及工业产品涂料的着色。

应用范围 商品名	工业产品涂料	汽车修补漆	原厂汽车漆	卷材涂料	木器漆	建筑漆	颜料浓缩浆
BYK-115	●				○	●	●
BYK-160	○	○	○	○	○		○
BYK-161	●	●	●	●	○	○	○
BYK-162	●	○	○		●		●
BYK-163	●	●	●	●	●	●	●
BYK-164		○			●	●	●
BYK-166	●	●	●		○		○
BYK-167	●	○	○	○	●	●	●
BYK-169	●	●	●				
BYK-182	●	○	○			●	●

注：●优秀；○良好。

用法用量：

商品名	用量(以颜料总量计)/%			
	无机颜料	二氧化钛	有机颜料	炭黑
BYK-115	10~25	2~4	25~65	50~100
BYK-160	10~15	5~6	30~90	70~140
BYK-161	10~15	5~6	30~90	70~140
BYK-162	12~20	5~6	25~85	60~120
BYK-163	15~20	4~5	20~40	80~100
BYK-164	12~15	3~4	20~35	60~70
BYK-166	—	5~6	50~80	—
BYK-167	15~20	4~5	20~40	80~100
BYK-169	10~15	5~6	30~90	70~140
BYK-182	15~20	4~5	20~40	80~100

以上助剂应加入研磨料中。其具体方法为：先将树脂与溶剂混匀，然后在搅拌下将助剂慢慢加入，再加入颜料研磨分散。

（2）Disperbyk-170、Disperbyk-171、Disperbyk-174 溶剂型涂料用的高分子量润湿和分散助剂

供应厂商：德国毕克化学公司（BYK）

组分：含亲和颜料基团的高分子量嵌段共聚物溶液

性能及用途：

商品名	胺值 (mg KOH·g^{-1})	密度 (g·cm^{-3})	不挥发份	溶剂
BYK-170	11	1.02	30	乙酸丁酯:丙二醇甲醚醋酸酯＝1:6
BYK-171	13	1.02	40	乙酸丁酯:丙二醇甲醚醋酸酯＝1:4
BYK-174	22	0.97	52	二甲苯:丙二醇甲醚醋酸酯:乙酸丁酯＝3:2:1

这些高分子量助剂可防止颜料絮凝,增进光泽、透明度,提高颜色强度和遮盖力,降低黏度,增进流平。

Disperbyk-170 具有极高的分子量,它对无机颜料和有机颜料有优秀的稳定性,主要应用于酸催化的聚酯/三聚氰胺面漆和聚偏氯乙烯体系。

Disperbyk-171 较 Disperbyk-170 的分子量稍低,对聚酯树脂有更宽广的混溶性,故也应用于高浓度的颜料浆。在某些体系它会增进对铝底材的附着力。

Disperbyk-174 适用于生产颜料浓缩浆,除了稳定颜料外,还能降低研磨料的黏度。

这些助剂主要应用于卷材涂料,也可用于工业产品涂料和汽车漆。

用法用量:

商品名	用量(以颜料总量计)/%			
	无机颜料	二氧化钛	有机颜料	炭黑
BYK-170	10~20	5~6	35~70	70~140
BYK-171	10~18	4~6	30~60	70~120
BYK-174	10~15	3~5	35~60	70~100

应先把助剂加入研磨基料中,然后再加颜料。

(3) Disperbyk-116、Disperbyk-140 溶剂型涂料用的高分子量润湿和分散助剂

供应厂商:德国毕克化学公司(BYK)

组分:Disperbyk-116　是含亲和颜料基团的丙烯酸共聚物

　　　Disperbyk-140　是酸性聚合物的烷基铵盐溶液

性能及用途:

商品名	胺值(mg KOH·g^{-1})	密度(g·cm^{-3})	不挥发份	溶剂
BYK-116	65	0.99	＞98	—
BYK-140	76	1.00	52	丙二醇甲醚醋酸酯

这些高分子助剂能防止颜料絮凝,并获得高光泽,增进颜色强度,还能提高透明度和遮盖力,降低涂料黏度,增进流平。

Disperbyk-116 专门用于生产颜料浓缩浆,以供高固体建筑漆。

Disperbyk-140 对所有普通漆基料表现出优良的混溶性。特别是对硝基纤维素和热塑性丙烯酸表现出超级混溶性。

应用范围	工业产品涂料	汽车修补漆	木材和家具涂料	建筑涂料	颜料浓缩浆
BYK - 116	●	○	○	○	●
BYK - 140	○	●	●	●	●

注:●优秀;○良好。

用法用量:

商品名	用量(以颜料总量计)/%			
	无机颜料	二氧化钛	有机颜料	炭黑
BYK - 116	7.5～10	1.5～2	15～40	20～40
BYK - 140	15 - 20	3～4	30～80	40～80

应先把助剂加入研磨基料中,然后再加颜料。

(4) Anti-Terra-U、Anti-Terra-U80、Disperbyk - 101、Disperbyk - 107、Disperbyk - 108 溶剂型和无溶剂型涂料用润湿分散剂

供应厂商:德国毕克化学公司(BYK)

组分:Anti-Terra-U、Anti-Terra-U80　不饱和多元胺酰胺和较低分子量的酸性聚合物盐的溶液

　　　Disperbyk - 101　长链多元胺酰胺和极性酸性酯的盐溶液

　　　Disperbyk - 107　含有亲颜料基团的羟基官能羧酸酯溶液

　　　Disperbyk - 108　含有亲颜料基团的羟基官能羧酸酯

性能及用途:

商品名	胺值 (mg KOH·g^{-1})	酸值 (mg KOH·g^{-1})	密度 (g·cm^{-3})	不挥发份	溶剂
Anti-Terra-U	19	24	0.94	50	二甲苯:异丁醇 = 8:1
Anti-Terra-U80	30	40	0.99	80	乙二醇丁醚
BYK - 101	14	30	0.90	52	石油溶剂:乙二醇丁醚:二甲苯 = 26:3:1
BYK - 107	64	—	0.92	90	异链烷烃
BYK - 108	71	—	0.94	>97	—

这些助剂能防止颜料絮凝,并获得高光泽和改善颜色强度、提高透明度和遮盖力,降低涂料黏度而改进流平性及提高颜料的含量。

Anti-Terra-U 是溶剂型工业和建筑用漆的标准润湿分散剂,还可以用以制有机膨润土浆,有优良的成冻胶性。

Anti-Terra-U 80 是 Anti-Terra-U 的高固体品种,适用于无溶剂、高固体或胺中和的水性体系。

Disperbyk-101 有与 Anti-Terra-U 相似的宽广应用领域,另外还可用于木材着色剂中透明氧化铁的稳定化,也可用于制膨润土胶。

Disperbyk-107 专用于溶剂型建筑漆稳定钛白粉、填料和其他无机和有机颜料,可使配方中添加填料而不降低光泽,防止研磨料黏度急剧下降,用通用色浆着色时无浮色和发花现象。适用于长油醇酸树脂的颜料浓缩浆。

Disperbyk-108 是 Disperbyk-107 的无溶剂品种。适用于生产不发花、浮色的高固体及不含芳烃的建筑漆,也用于生产溶剂型颜料浓缩浆。

应用范围 商品名	工业产品涂料	膨润土浆	木器漆	建筑漆	颜料浓缩浆
Anti-Terra-U	●	●	●	●	
Anti-Terra-U80	●	○	●	●	
BYK-101	●	●	○	○	○
BYK-107	○		○	●	●
BYK-108	●		○	●	●

注:●优秀;○良好。

用法用量:

商品名	用量(以颜料总量计)/%				
	无机颜料	二氧化钛	有机颜料	炭黑	膨润土
Anti-Terra-U	1~2	0.5~1	1~5	—	30~50
Anti-Terra-U80	0.5~1	0.2~0.5	1~5	—	—
BYK-101	1~2	0.5~1	1~5	—	30~50
BYK-107	3~5	0.7~1.5	5~8	8~10	—
BYK-108	3~5	0.8~1.5	5~8	8~10	—

应先把助剂加入研磨基料中,然后再加颜料。

(5) BYK-P 104、BYK-P 104S、BYK-P 105、BYK-220S、Lactimon 润湿和分散助剂

供应厂商:德国毕克化学公司(BYK)

组分:BYK-P 104   低分子量不饱和多元羧酸聚合物溶液

BYK-P 104S   低分子量不饱和多元羧酸聚合物加有机硅氧烷共聚物溶液

BYK-P 105   低分子量不饱和羧酸聚合物

BYK-220S   低分子量不饱和酸性的多元羧酸聚酯加有机硅氧烷共聚物的溶液

Lacitmon   低分子量不饱和多元羧酸聚合物的部分酰胺和烷基铵盐加有机硅
氧烷共聚物溶液

性能及用途：

商品名	胺值 (mg KOH·g⁻¹)	酸值 (mg KOH·g⁻¹)	密度 (g·cm⁻³)	不挥发份	溶剂
BYK-P 104	—	180	0.95	50	二甲苯∶二异丁基酮＝9∶1
BYK-P 104S	—	150	0.95	50	二甲苯∶二异丁基酮＝9∶1
BYK-P 105	—	365	1.05	＞97	—
BYK-220S	—	100	0.96	52	烷基苯
Lacitmon	13	60	0.91	50	二甲苯∶异丁醇＝5∶1

这些助剂导致颜料"有控制的絮凝"，在单独颜料粒子之间形成"桥"，发展成三维结构。经过颜料间"有控制的絮凝"，防止了颜料的浮色、发花、沉淀和流挂。

BYK-P 104 适用于中至高极性体系，能有效防止钛白和其他颜料在一起时的浮色，也可用于胺中和的水性涂料。它与溶剂汽油不混溶。当用于防腐蚀底漆时，大多数情况能增进保护性。

BYK-P 104S 可用的体系与 BYK-P 104 相同。此助剂中还有少量聚硅氧烷共聚物，故对浮色的防止更有效。有机硅还有助于防贝纳德旋涡和条纹，增进表面滑爽、流平以及消光剂和铝粉的定向。

BYK-P 105 是 BYK-P 104 的无溶剂品种。

BYK-220S 能使所有颜料稳定，优先应用于工业产品涂料。能增进光泽，防止浮色发花，降低研磨料黏度，防止贝纳德旋涡和条纹，增进表面滑爽、流平性及消光剂和铝粉的定向。它与双组分丙烯酸有宽广的混溶性。

Lactimon 适用于中极性和高极性体系，它也能防止"混合研磨"中的浮色和发花。它含有少量聚硅氧烷共聚物，更有助于防止贝纳德旋涡和条纹，并增进表面滑爽、流平性和消光剂、铝粉的定向。

应用范围 / 商品名	涂料系统			应用类别情况					
	溶剂型	无溶剂	水溶性	工业漆	建筑漆	家具漆	汽车漆	防腐系统	卷材涂料
BYK-P 104	●	○	○	●	●	●	○	●	●
BYK-P 104S	●	○		●	●	●		●	●
BYK-P 105	○	●	○	●	●	●		●	○
BYK-220S	●	○		●	●	○	●		
Lacitmon	●	○		●	●		○	●	●

注：●优秀；○良好。

用法用量：

商品名	用量(以颜料总量计)/%		
	无机颜料	二氧化钛	有机颜料
BYK‑P 104	3～10	0.5～2.5	10～20
BYK‑P 104S	3～10	0.5～2.5	10～20
BYK‑P 105	2～5	0.5～1	5～10
BYK‑220S	3～10	1～3	8～16
Lacitmon	3～10	1～3	10～20

应加入研磨料中。BYK‑P 105 在加入前应预热使具有良好的流动性。

（6）Anti-Terra‑203、Anti-Terra‑204、Anti-Terra‑205、Anti-Terra‑206、Bykumen 溶剂型涂料用润湿分散剂

供应厂商：德国毕克化学公司(BYK)

组分：Anti-Terra‑203 多元羧酸的烷基铵盐溶液

　　　Anti-Terra‑204，Anti-Terra‑205 多元胺酰胺的多元羧酸盐溶液

　　　Anti-Terra‑206 不饱和脂肪酸的羟基铵盐溶液

　　　Bykumen 较低分子量不饱和酸的多元羧酸聚酯溶液

性能及用途：

商品名	胺值 (mg KOH·g^{-1})	酸值 (mg KOH·g^{-1})	密度 (g·cm^{-3})	不挥发份	溶剂
Anti-Terra‑203	51	51	0.89	50	烷基苯
Anti-Terra‑204	36	40	0.93	52	丙二醇甲醚：烷基苯＝3：2
Anti-Terra‑205	38	37	0.90	52	丙二醇甲醚：异链烷烃＝3：2
Anti-Terra‑206	39	39	0.94	29	水：异丁醇＝4：3
Bykumen	—	35	0.88	46	溶剂汽油：异丁醇＝2：1

这些助剂导致颜料的"有控制絮凝"。单独颜料颗粒之间形成了"桥"，形成了三维结构。经过颜料间的"有控制絮凝"，防止了颜料的浮色、发花、沉淀和流挂。

Anti-Temi‑203 适用于中到低极性溶剂型和无溶剂体系，它会引起触变性的增高，在高颜料用量的体系，降低了流挂倾向。另外，对漆膜抗水性无不良影响，在防腐底漆中，多数情况会提高其防护性。

Anti-Terra‑204 可用于非极性体系，它与 200 号溶剂汽油相互混溶。极性越低则触变性越高，甚至在"低颜料用量"的体系中，能降低流挂倾向。对漆膜抗水性无不良影响，在防腐蚀底漆中还能提高其防护性。适宜的基料是长、中、短油醇酸树脂、氯乙烯共聚体、氯化橡胶和环氧树脂。

Anti-Terra-205 是 Anti-Terra-204 不含芳烃的品种,其性质和应用与 Anti-Terra-204 相同。

Anti-Terra-206 主要用于醇酸涂料、环氧涂料、氯化橡胶、沥青和船舶漆,也可用于车间底漆和水稀释性体系。由于含水,与锌粉不相容。它形成的触变性远不如 Anti-Terra-203、-204、-205 明显。在酸固化和硝基漆中,它能防止二氧化硅消光剂的沉淀。

Bykumen 的受控絮凝性比这一类的其他助剂不明显些,故也可用于面漆,可增加光泽,同时又防止沉淀和流挂。

应用范围 商品名	工业产品涂料	建筑漆	木材和木器涂料	防护涂料	膨润土浆
Anti-Terra-203	●	○	●	○	●
Anti-Terra-204	●	○	●	●	●
Anti-Terra-205	●	●	●	●	●
Anti-Terra-206	●	●		○	●
Bykumen	●	●	●	○	○

注:●优秀;○良好。

用法用量:

商品名	用量(以颜料总量计)/%		
	无机颜料	二氧化钛	有机颜料
Anti-Terra-203	1～2	0.5～1	30～50
Anti-Terra-204	1～2	0.5～1	30～50
Anti-Terra-205	1～2	0.5～1	30～50
Anti-Terra-206	1～2	0.5～1	30～50
Bykumen	1～3	0.5～1	—

以上各助剂都应该加入研磨料中。

(7) BYK-Synerglest 2100 溶剂型和无溶剂体系改善颜料分散的助剂

供应厂商:德国毕克化学公司(BYK)

组分:不溶性颜料络合物

性能及用途:

商品名:BYK-Synerglest 2100

潮气含量:<3%

密度:1.25 g·cm^{-3}

不挥发份:100%

本品为粉末状。它通过和聚合物型润湿分散助剂一起使颜料解絮凝而保持细小的颗粒,因而能提高光泽,改善着色强度,减少浮色发花,降低颜料浓缩浆黏度,从而提高颜料含量。本品能使同公司的润湿分散助剂较好地吸附到酞菁颜料和炭黑的表面上,以提高润湿和分散的效率。如赋予颜料以等电势,可避免因颜料非等电势而产生的共絮凝。

本品较适用于汽车漆/OEM、汽车修补漆、卷材罐头涂料、印刷油墨、颜料浓缩浆等,也可用于建筑涂料。

用法用量:按颜料(酞菁颜料、紫颜料、炭黑)总量的 3%～5%。

本品必须与类似 Disperbyk-2150 或 Disperbyk-160 系列品种类的聚合物型润湿分散剂一起预先加入研磨料中,然后再加入颜料。

(8) Disperbyk-130 溶剂型涂料用润湿和分散助剂

供应厂商:德国毕克化学公司(BYK)

组分:不饱和多元羧酸的多元胺酰胺溶液

性能及用途:

商品名	胺值 (mg KOH·g^{-1})	酸值 (mg KOH·g^{-1})	密度 (g·cm^{-3})	不挥发份	溶剂
BYK-130	190	<3	0.93	51	烷基苯/乙二醇丁醚=5:1

本品专用于氧化物颜料和炭黑,它对颜料表面上的酸性基团有特别亲和力,适用于丙烯酸和氨基/醇酸体系。它是阳离子型,会降低涂料的施工时限,有水分存在时会失去稳定性而降低效果。应用于工业产品涂料,也可用于汽车漆。

用法用量:

按颜料总量计:无机颜料为 3%～5%,二氧化钛为 1%～15%,炭黑为 30%～40%。必须加入到研磨料中。

(9) Disperbyk-2000、Disperbyk-2001 溶剂型体系用润湿分散剂

供应厂商:德国毕克化学公司(BYK)

组分:改性丙烯酸酯嵌段共聚物

性能及用途:

商品名	胺值 (mg KOH·g^{-1})	酸值 (mg KOH·g^{-1})	密度 (g·cm^{-3})	不挥发份	溶剂
BYK-2000	4	—	1.02	40	丙二醇甲醚醋酸酯:乙二醇丁醚=1:1
BYK-2001	20	19	1.03	40	丙二醇甲醚醋酸酯:乙二醇丁醚:丙二醇甲醚=2:2:1

这些高分子助剂能使颜料解絮凝,由于解絮凝使颜料颗粒极小,因此能获得高光泽和良好的展色性,提高透明度和遮盖力,降低黏度,改善流平和提高颜料用量。

Disperbyk-2000 适用于含 CAB 的底色漆和各种面漆,也能防止 CAB 在颜料浆研磨后使用时的颜料返粗。它能降低研磨料黏度,适用于有机颜料。为了取得最佳的黏度降低,可在研磨料中加入极性溶剂,为取得最佳研磨效果,CAB 不必在研磨时加入。

Disperbyk-2001 与 Disperbyk-2000 具有相似特性,只是具有更高的固含量,且能

更强地降低研磨料黏度。

应用范围 商品名	汽车原装漆	汽车修补漆		卷材涂料	家具涂料	工业涂料
		底色漆	面漆			
BYK‐2000	●	●	●	○	●	●
BYK‐2001	●	●	●	○	●	●

注:●优秀;○良好。

用法用量:

商品名	用量(以颜料总量计)/%			
	无机颜料	二氧化钛	有机颜料	炭黑
BYK‐2000	12~17	5	20~70	70~140
BYK‐2001	10~15	5	15~60	70~140

树脂和溶剂应预混合后加入助剂,在低极性基料溶液中,短时间会引起黏度上升,不会影响最终分散效果,必要时可加入少量极性溶剂,防止黏度上升,在助剂充分混匀后再加入颜料。

(10) Disperbyk‐112、Disperbyk‐142 溶剂型涂料用高分子量润湿和分散助剂

供应厂商:德国毕克化学公司(BYK)

组分:Disperbyk‐112　含碱性颜料亲和基团的丙烯酸共聚物溶液

　　　Disperbyk‐142　含颜料亲和基团的高分子量共聚物的磷酸酯盐溶液

性能及用途:

商品名	胺值 (mg KOH·g^{-1})	酸值 (mg KOH·g^{-1})	密度 (g·cm^{-3})	不挥发份	溶剂
BYK‐112	36	—	1.02	60	丙二醇甲醚醋酸酯
BYK‐142	43	46	1.03	60	丙二醇甲醚醋酸酯

这些高分子助剂能使颜料解絮凝,从而获得高光泽并改进着色力,提高透明度和遮盖力,降低黏度且改进流平性,并提高颜料含量。

Disperbyk‐112 适用于稳定 TiO$_2$。它与 Disperbyk‐140 或‐142 组合也适用于彩色颜料的稳定。

Disperbyk‐142 对所有常用的涂料基料均表现出优良的混溶性。特别是对环氧体系。用于白烘漆可能泛黄,在烘漆系统,可能对漆膜在铁底材上的附着力有影响。

应用范围 商品名	建筑涂料	木器和家具涂料	汽车修补漆	颜料浓缩浆	工业涂料
BYK‐112	○	●	○	●	●
BYK‐142	○	●	○	●	●

注:●优秀;○良好。

用法用量:

商品名	用量(以颜料总量计)/%			
	无机颜料	二氧化钛	有机颜料	炭黑
BYK-112	5～10	5～8	15～30	25～40
BYK-142	12～17	5～8	25～70	45～90

应先将助剂加入基料中,然后加入颜料。

(11) Disperbyk-106 溶剂型体系用润湿分散剂

供应厂商:德国毕克化学公司(BYK)

组分:含酸性基团的聚合物盐

性能及用途:

商品名	胺值 (mg KOH·g^{-1})	酸值 (mg KOH·g^{-1})	密度 (g·cm^{-3})	不挥发份
BYK-106	74	132	0.98	85

本品能使颜料解絮凝,获得高光泽并改进着色力,增加透明度和遮盖力,降低黏度且改进流平性,提高颜料含量。特别适用于分散透明和不透明无机颜料以及表面处理过的酞菁颜料。研磨时易操作,与不同极性基料(如不含芳烃的醇酸树脂或醛类树脂)有广泛的相容性。应用于建筑涂料、工业涂料、木器和家具涂料、着色剂等。

用法用量:助剂应先加入驻料中,然后再加入颜料。

商品名	用量(以颜料总量计)/%		
	透明氧化铁颜料	无机颜料	有机颜料
BYK-106	10～20	5～15	10～30

(12) Disperbyk-103、Disperbyk-110、Disperbyk-111、Disperbyk-180 溶剂型涂料用润湿和分散助剂

供应厂商:德国毕克化学公司(BYK)

组分:Disperbyk-103　含颜料亲和基团的共聚物溶液

　　　Disperbyk-110　含酸性基团的共聚物溶液

　　　Disperbyk-111　含酸性基团的共聚物

　　　Disperbyk-180　含酸性基团的嵌段共聚物的烷羟基铵盐

性能及用途:

商品名	胺值 (mg KOH·g^{-1})	酸值 (mg KOH·g^{-1})	密度 (g·cm^{-3})	不挥发份	溶剂
BYK-103	—	—	1.06	40	丙二醇甲醚醋酸酯
BYK-110	—	53	1.03	52	丙二醇甲醚醋酸酯:烷基苯=1:1

商品名	胺值 (mg KOH·g⁻¹)	酸值 (mg KOH·g⁻¹)	密度 (g·cm⁻³)	不挥发份	溶剂
BYK-111	—	129	1.16	90	
BYK-180	95	95	1.07	79	

Disperbyk-103用于生产高浓度的消光浆。此浆呈液态,储存稳定,使用方便,适用于自动计量,也可用于最后添加调整。适用于无机颜料尤其是钛白,并可急剧降低研磨料黏度,因其阴离子特性,对酸催化体系(例如卷材涂料)最理想,对含无机颜料并用静电喷涂的涂料可降低雾影。

Disperbyk-111主要用于高固体和无溶剂涂料。其性能与Disperbyk-110相同。

Disperbyk-180用于水性、溶剂型和无溶剂涂料,尤其适用于无机颜料(特别是钛白)解絮凝并稳定。它不含溶剂,能降低研磨料黏度,适用于"低VOC"和"无VOC"体系。

应用范围 商品名	建筑涂料	木器和家具涂料	汽车漆	卷材涂料	防腐涂料	工业产品涂料
BYK-103	●	●				●
BYK-110	○	○	●	●	●	●
BYK-111	●	●	●	●	●	●
BYK-180	●	●	●	●	●	●

注:●优秀;○良好。

用法用量:

商品名	用量(以颜料总量计)/%		
	无机颜料	二氧化钛	消光剂
BYK-103	5～10	2～4	30～60
BYK-110	5～10	2～4	—
BYK-111	2.5～5	1～3	—
BYK-180	5～10	1.5～2.5	—

应先将助剂加入研磨基料中,然后再加入颜料。

(13) BYK-9075、BYK-9076、BYK-9077无溶剂体系用润湿分散助剂

供应厂商:德国毕克化学公司(BYK)

组分:BYK-9075,-9077 含颜料亲和基团的高分子量共聚物

　　　　BYK-9076 高分子量共聚物的烷基铵盐

性能及用途:

商品名	胺值 (mg KOH·g^{-1})	酸值 (mg KOH·g^{-1})	密度 (g·cm^{-3})	不挥发份
BYK - 9075	12	—	1.13	97
BYK - 9076	44	38	1.05	96
BYK - 9077	46		1.05	99

这些高分子助剂能使颜料解絮凝而获得高光泽和改善着色力,提高透明度或遮盖力,降低黏度而提高颜料含量。

BYK - 9075 能降低黏度并使研磨料具有牛顿型流动,适用性较广。含有增塑剂。

BYK - 9076 明显降低黏度并使研磨料具有牛顿型流动,适用于稳定酸性或中性的炭黑颜料。不含增塑剂。

BYK - 9077 降低黏度并使研磨料具有牛顿型流动,适用于稳定碱性的炭黑颜料。不含增塑剂。

应用范围 商品名	多种颜料浓缩浆 多羟基聚合物体系	增塑剂	不饱和聚酯体系	环氧树脂体系
BYK - 9075	●	●	●	○
BYK - 9076	●	●	●	○
BYK - 9077	●	●	●	○

注:●优秀;○良好。

用法用量:

商品名	用量(以颜料总量计)/%			
	无机颜料	二氧化钛	有机颜料	炭黑
BYK - 9075	10~20	2~6	20~50	30~100
BYK - 9076	5~10	1~3	10~25	15~50
BYK - 9077	5~10	1~3	10~25	15~50

应先将助剂加入研磨基料中混合均匀,然后再加入颜料。

(14) Disperbyk - 2050 工业涂料和颜料浓缩浆用润湿分散剂

供应厂商:德国毕克化学公司(BYK)

组分:含颜料亲和基团的丙烯酸酯共聚物

性能及用途:

商品名	胺值(mg KOH·g^{-1})	密度(g·cm^{-3})	不挥发份	溶剂
BYK - 2050	30	1.02	52	丙二醇甲醚醋酸酯

本品能使颜料解絮凝,可获得高光泽,改进颜色强度,提高透明性和遮盖力,降低黏

度,改进流平并提高颜料含量。本品适用于含树脂和不含树脂的颜料浓缩浆及工业涂料,适用于中高极性树脂涂料体系的无树脂的颜料浓缩浆。

用法用量:添加时应将基料、溶剂和助剂均匀混合,然后加入颜料。

商品名	用量(以颜料总量计)/%			
	无机颜料	二氧化钛	有机颜料	炭黑
BYK-2050	10~15	3~5	20~60	60~140

(15) Disperbyk-109 溶剂型涂料用润湿分散剂

供应厂商:德国毕克化学公司(BYK)

组分:较高分子量的烷基醇氨基酰胺

性能及用途:

商品名	胺值(mg KOH·g^{-1})	密度(g·cm^{-3})	不挥发份
BYK-109	140	0.95	100

本品能使颜料解絮凝而获得高光泽,并提高着色力。本品能明显提高中极性到非极性涂料体系的色浆接受性。特别适用于长油醇酸和热塑性丙烯酸中分散无机颜料(钛白和填料)。过量使用可能会影响醇酸树脂的干性。可应用于建筑涂料,也可用于工业涂料。

用法用量:

按颜料总量的 0.3%~2.0%;按钛白量的 1%~2%。应先将基料、助剂和溶剂充分混合均匀,再加入颜料。

(16) Disperbyk-176 溶剂型体系用高分子量润湿分散剂

供应厂商:德国毕克化学公司(BYK)

组分:含酸性基团的高分子聚合物

性能及用途:

商品名	酸值(mg KOH·g^{-1})	密度(g·cm^{-3})	不挥发份	溶剂
BYK-176	73	1.047	75	丙二醇甲醚醋酸酯

本品能使颜料解絮凝,改进流平性并提高色浆中颜料含量,提高光泽和着色力,提高透明性和遮盖力。经本品解絮凝的碱性表面处理的酞菁蓝颜料,可用于烤漆、双组分聚氨酯、环氧和硝基体系。适用于卷材涂料和工业涂料。

用法用量:

按配方颜料总量计:无机颜料为 4%~10%;有机颜料为 20%~40%。添加时助剂应在颜料加入前加入研磨料中。

(17) Disperbyk-2150 溶剂型涂料用颜料润湿和分散助剂

供应厂商:德国毕克化学公司(BYK)

组分:含碱性颜料吸附基团的嵌段共聚物溶液

性能及用途:

商品名	胺值(mg KOH·g^{-1})	密度(g·cm^{-3})	不挥发份	溶剂
BYK-2150	57	1.01	52	丙二醇甲醚醋酸酯

本品能使颜料解絮凝,可获得高光泽,改进颜色强度,增加透明度和遮盖力,降低黏度,改进流平并提高颜料含量。它与常用的基料有优良的相容性。适用于颜料浓缩浆、工业涂料、木器和家具涂料,也可用于汽车原厂修补漆、建筑涂料。

用法用量:应加入研磨料中。

商品名	用量(以颜料总量计)/%			
	无机颜料	二氧化钛	有机颜料	炭黑
BYK-2150	10~15	3~5	30~60	60~140

(18) Disperbyk-2070 环氧树脂体系颜料浓缩浆用的润湿分散助剂

供应厂商:德国毕克化学公司(BYK)

组分:含颜料亲和基团的丙烯酸酯共聚物

性能及用途:

商品名	胺值(mg KOH·g^{-1})	密度(g·cm^{-3})	不挥发份	溶剂
BYK-2070	20	1.01	52	丙二醇甲醚醋酸酯

本品能使颜料解絮凝,可获得高光泽和改善着色力,提高遮盖力,降低黏度,改进流平并提高颜料含量。它是反应型的,在环氧体系中有优良的贮存稳定性(不胶凝),即使在使用不同的胺固化剂时也可防止环氧涂料的浮色发花,本品适用于环氧树脂颜料浓缩浆作分散助剂。

用法用量:应先把基料、溶剂和助剂混合均匀,再加入颜料。

商品名	用量(以颜料总量计)/%			
	无机颜料	二氧化钛	有机颜料	炭黑
BYK-2070	10~20	3~5	30~60	50~80

(19) Disperbyk-102 通用着色剂用润湿助剂

供应厂商:德国毕克化学公司(BYK)

组分:带酸性基团的共聚物

性能及用途:

商品名	胺值(mg KOH·g^{-1})	密度(g·cm^{-3})	不挥发份
BYK-102	100	1.06	>90

本品适用于通用色浆,能降低黏度并增强着色力,在溶剂型系统中防止浮色发花并提高贮存稳定性。也可在溶剂型涂料和水性涂料中后添加,来提高着色力和改进与着色剂

的相容性。

用法用量:应在加入颜料前与研磨料混合均匀。

商品名	用量(以颜料总量计)/%		
	无机颜料	二氧化钛	有机颜料
BYK-102	5～10	1～3	0.5～2

(20) Anti-Terra-U 100、BYK-W 966 润湿和分散助剂

供应厂商:德国毕克化学公司(BYK)

组分:Anti-Terra-U 100 不饱和多元胺酰胺和低分子量酸性酯的盐

BYK-W 966 不饱和脂肪酸多元胺酰胺盐的溶液和酸性聚酯

性能及用途:

商品名	胺值 (mg KOH·g^{-1})	酸值 (mg KOH·g^{-1})	密度 (g·cm^{-3})	不挥发份	溶剂
Anti-Terra-U 100	35	50	1.01	>98	—
BYK-W 966	19	26	0.87	38	烃类化合物

Anti-Terra-U 100 是无溶剂的 Anti-Terra-U。它是溶剂型建筑涂料分散剂和工业涂料的标准润湿分散剂,也可用于制有机膨润土浆,有优良的成冻胶性。它可用于润湿分散有机和无机的彩色颜料。它在水性涂料中也可用作润湿分散剂。

BYK-W 966 是 Anti-Terra-U 100 的不含芳烃溶剂的烃类化合物溶液。

应用范围 商品名	建筑涂料	工业涂料	家具涂料	膨润土浆
Anti-Terra-U 100	●	●	●	●
BYK-W 966	●	○	●	●

注:●优秀;○良好。

用法用量:

商品名	用量(以颜料总量计)/%		
	无机颜料	二氧化钛	有机颜料
Anti-Terra-U 100	0.5～1.0	0.2～0.5	1.0～5.0
BYK-W 966	1.0～2.0	0.5～1.0	2.0～10.0

应先将助剂加入研磨基料中混合均匀,然后再加入颜料。

(21) Disperbyk-183、Disperbyk-184、Disperbyk-185、Disperbyk-190 水性和溶剂型涂料用的高分子量润湿和分散助剂

供应厂商:德国毕克化学公司(BYK)

组分:含亲和颜料基团的高分子量嵌段共聚物溶液

性能及用途:

商品名	胺值 (mg KOH · g⁻¹)	酸值 (mg KOH · g⁻¹)	密度 (g · cm⁻³)	不挥发份	溶剂
BYK - 183	17	—	1.06	52	二缩三丙二醇单甲醚/一缩二丙二醇单甲醚＝5：2
BYK - 184	14	—	1.10	52	一缩二丙二醇单甲醚/丙二醇＝2：1
BYK - 185	18	—	1.10	94	—
BYK - 190	—	10	1.06	40	水

这些高分子量助剂能防止颜料絮凝,并获得高光泽及增进颜色强度,提高透明度和遮盖力,降低产品黏度而改进流平及提高颜料含量。

Disperbyk - 183 适用于生产不含烷基酚/环氧乙烷加成物的通用色浆,应用于水性乳胶漆和溶剂型建筑漆。

Disperbyk - 185 不含溶剂,适用于生产既不含烷基酚/环氧乙烷加成物,也不含溶剂的通用色浆。可用于水性、溶剂型和无溶剂的建筑涂料,也适用于 PVC 塑溶胶型卷材涂料,以防浮色和发花。

Disperbyk - 190 专用于生产不含树脂的稳定的颜料浓缩浆,供用于无浮色和发花的工业产品水性涂料体系。用于水性体系研磨时只有颜料、水和 Disperbyk - 190。

用法用量:

商品名	用量(以颜料总量计)/%			
	无机颜料	二氧化钛	有机颜料	炭黑
BYK - 183	10～15	3～6	20～45	60～80
BYK - 184	15～20	4～6	20～45	65～80
BYK - 185	10～15	3～6	20～45	60～80
BYK - 190	20～30	10～12	30～75	130～150

在搅拌下慢慢将助剂加到研磨树脂和共溶剂的混合物中,或加入对剪切力稳定的乳液中。若 Disperbyk - 190 是用于不含树脂的颜料浓缩浆,应将助剂与水预先混合,然后加入颜料。

当水性涂料使用 Disperbyk - 183、Disperbyk - 184,Disperbyk - 185 时要扣留一部分用以控制 pH 值的胺,因为这些助剂是碱性的。

(22) BYK - 154 水性乳胶漆用分散助剂

供应厂商:德国毕克化学公司(BYK)

组分:丙烯酸共聚物的铵盐水溶液

性能及用途：

密度/g·cm^{-3} 1.16

不挥发分/%   42

溶剂   水

本品通过静电排斥而使颜料稳定。它能增进光泽，降低黏度，并能提供良好的贮存稳定性。适用于建筑漆、防护涂料，也可用于工业产品涂料。

用法用量：

按颜料总量计：二氧化钛为 1.5%～2%；填充料为 0.5%～1.0%；无机颜料为 2%～10%。

(23) Disperbyk、Disperbyk-181、Lactimon-WS 水性体系用润湿和分散助剂

供应厂商：德国毕克化学公司（BYK）

组分：Disperbyk   较低分子量多元羧酸聚合物的醇铵盐溶液

Disperbyk-181   多官能聚合物的醇铵盐溶液

Lactimon-WS   部分中和的多元羧酸烷基铵盐和聚二甲基硅氧烷溶液

性能及用途：

商品名	胺值 (mg KOH·g^{-1})	酸值 (mg KOH·g^{-1})	密度 (g·cm^{-3})	不挥发份	溶剂
BYK	85	85	1.08	50	水
BYK-181	33	33	1.04	56	丙二醇甲醚醋酸酯/丙二醇/丙二醇甲醚=5：3：2
Lactimon-WS	23	43	0.95	50	乙二醇丁醚/异丁醇/水=5：4：1

这些助剂并不含烷基酚/环氧乙烷加成物。它们通过静电排斥或空间位阻使颜料解絮凝和稳定。

Disperbyk 适用于水性和溶剂型涂料，能防止沉淀和硬块。当加到白色漆的研磨料中，能增进其颜色接受性和展色性，并能增进气相二氧化硅的有效性。

Disperbyk-181 在乳胶漆中增进其贮存稳定性（光泽、流平性）。在着色体系中，增进其颜色接受性和展色性。在溶剂型体系中，能降低黏度并增进光泽。

Lactimon-WS 只用于水性体系，它使颜料解絮凝，增进光泽和流平性，防止浮色、发花。它含有聚硅氧烷共聚物而增强效果，有助于防止形成贝纳德旋涡和条纹。

用法用量：

商品名	用量（以颜料总量计）/%		
	二氧化钛	填料	无机颜料
BYK	1.5～2.5	0.8～1.2	5～10
BYK-181	1.5～2.5	0.8～1.2	5～10
Lactimon-WS	1.5～2.5	0.8～1.2	5～10

（24）Disperbyk-191、Disperbyk-192 水性体系用润湿和分散助剂

供应厂商:德国毕克化学公司(BYK)

组分:具有颜料亲和基团的共聚物

性能及用途:

商品名	胺值 (mg KOH·g^{-1})	酸值 (mg KOH·g^{-1})	密度 (g·cm^{-3})	不挥发份	溶剂
BYK-191	20	30	1.07	98	—
BYK-192	—	—	1.05	98	—

这些高分子量助剂能使颜料解絮凝,通过空间位阻稳定颜料。由于解絮凝颜料颗粒小,因此能获得高光泽和良好的展色性。另外,还能提高透明度和遮盖力,降低涂料黏度,改善流平和提高颜料用量。

Disperbyk-191 适用于含或不含树脂颜料浆的水性体系。

Disperbyk-192 用于水性涂料,以稳定颜料浆,也适用于印刷油墨。

应用范围 商品名	水性颜料浓缩浆	建筑涂料	工业涂料	汽车漆	卷钢涂料	木器和家具涂料	防护体系
BYK-191	●	●	●	●		●	○
BYK-192	●	○	●	●	○	○	●

注:●优秀;○良好。

用法用量:

商品名	用量(以颜料总量计)/%				
	无机颜料	二氧化钛	有机颜料	炭黑	效应颜料
BYK-191	6～13	4～7	19～50	30～90	—
BYK-192	5～10	4～7	15～30	30～50	3～5

应先把助剂加到研磨料中,然后加入颜料。

（25）Disperbyk-187 水性体系用润湿助剂

供应厂商:德国毕克化学公司(BYK)

组分:多官能聚合物的烷基铵盐溶液

性能及用途:

商品名	胺值 (mg KOH·g^{-1})	酸值 (mg KOH·g^{-1})	密度 (g·cm^{-3})	不挥发份	溶剂
BYK-187	35	35	1.05	70	丙二醇/丙二醇甲醚

本品可润湿无机和有机颜料,能改善乳液涂料的储存稳定性(光泽和流平),也可改进

着色剂的相容性和展色性。适用于乳液涂料,也可用于水性体系和溶剂型涂料。

用法用量:

商品名	用量(以颜料总量计)/%		
	二氧化钛	填料	无机颜料
BYK-187	1.5~2.5	10~25	3~8

应在加入颜料前与研磨料混合均匀。

(26) EFKA-4008,EFKA-4009 聚氨酯型分散剂

供应厂商:荷兰埃夫卡助剂公司(EFKA)

组分:改性聚氨酯

性能及用途:

商品名	不挥发份	溶剂
EFKA-4008	60	乙酸丁酯/乙酸甲氧基丙酯/丁醇
EFKA-4009	60	乙酸丁酯/乙酸甲氧基丙酯/丁醇

以上助剂是专为通用型色浆而开发的。其用于无机颜料、有机颜料、炭黑,可以缩短分散时间、改善光泽、提高着色力、防止浮色发花问题。可以用于各种高、低档装饰涂料和工业涂料。EFKA-4008 是不含芳香族的 EFKA-4009。

用法用量:

商品名	用量(以颜料总量计)/%	添加方法
EFKA-4008	无机颜料 3~5	
EFKY-4009	有机颜料 10~30 炭黑 10~35	于颜料添加前加入研磨浆中

(27) EFKA-4046、EFKA-4047、EFKA-4080 聚氨酯型分散剂

供应厂商:荷兰埃夫卡助剂公司(EFKA)

组分:改性聚氨酯

性能及用途:

商品名	不挥发份	溶剂
EFKA-4046	40	
EFKA-4047	35	乙酸丁酯/乙酸甲氧基丙酯/丁醇
EFKA-4080	30	

以上助剂皆为高分子分散剂,由于其高分子的空间位阻效应,利于颜料的分散和分散稳定。能够提高着色力,改善光泽和鲜映性,减小浮色问题和降低黏度。

EFKA-4046 适用于各种溶剂型涂料和色浆。EFKA-4047 适用于高档工业涂

料、汽车漆、汽车修补漆、卷钢涂料和双组分聚氨酯涂料。由于有较高的分子量,它比 EFKA-4046 具有更强的抑制絮凝效果,特别适用于炭黑和有机颜料。

EFKA-4080 适用于汽车漆、汽车修补漆和高档工业漆,相容性很差的无油聚酯体系中也有很好的分散效果。

用法用量:

商品名	用量(以颜料总量计)/%	添加方法
EFKA-4046	无机颜料 3～5 有机颜料 10～30 炭黑 20～35	于颜料添加前加入研磨浆中。
EFKA-4047		
EFKA-4080		

(28) EFKA-4520 高分子量聚氨酯型分散剂

供应厂商:荷兰埃夫卡助剂公司(EFKA)

组分:改性聚氨酯

性能及用途:

商品名	不挥发份	溶剂
EFKA-4520	33	乙酸丁酯/乙酸甲氧基丙酯/乙酸甲氧基丙醇

本品能促进无机颜料和有机颜料的分散和分散稳定。改善光泽、提高着色力、防止浮色、抑制絮凝和降低黏度。

推荐用于各种高档水性和溶剂型工业涂料和色浆。

用法用量:

商品名	用量(以颜料总量计)/%	添加方法
EFKA-4520	无机颜料 3～5 有机颜料 10～30 炭黑 20～35	应在颜料添加前先将助剂加入研磨浆料中。

(29) EFKA-4010、EFKA-4015、EFKA-4050、EFKA-4055、EFKA-4060

供应厂商:荷兰埃夫卡助剂公司(EFKA)

组分:改性聚氨酯

性能及用途:

商品名	不挥发份/%	溶剂
EFKA-4010	50	乙酸丁酯/乙酸甲氧基丙酯/烷基苯
EFKA-4015	50	—
EFKA-4050	45	乙酸丁酯/乙酸甲氧基丙酯/乙酸甲氧基丙醇
EFKA-4055	40	乙酸丁酯/乙酸甲氧基丙酯/丁醇
EFKA-4060	30	乙酸丁酯/甲氧基丙酯/二甲苯

以上各助剂是高分子型分散剂,具有减少分散时间、提高光泽、提高着色力,避免浮色和颜料絮凝的功效。适用于各种有机颜料和无机颜料,可以取代传统的分散剂。

EFKA-4010、EFKA-4050尤其适用于钛白粉和消光粉。

EFKA-4060还具有提高鲜映性和降低色浆黏度的作用。适用于高档工业漆、汽车漆、汽车修补漆,也可以用来生产微脂色母浆和通用色浆。

用法用量:

商品名	用量(以颜料总量计)/%	添加方法
EFKA-4010	无机颜料 3~5 有机颜料 10~30 炭黑 20~35	应在颜料添加前先将助剂加入研磨浆料中。
EFKA-4015		
EFKA-4050		
EFKA-4055		
EFKA-4060		

(30) EFKA-4400,EFKA-4401、EFKA-4403 聚丙烯酸酯型分散剂

供应厂商:荷兰埃夫卡助剂公司(EFKA)

组分:改性聚丙烯酸酯

性能及用途:

商品名	不挥发份/%	溶剂
EFKA-4400	40	乙酸丁酯/仲醇
EFKA-4401	50	乙酸丁酯/仲醇
EFKA-4403	45	乙酸丁酯/二甲苯/仲醇

以上助剂均属高分子量分散剂,对涂料分散稳定具有明显效果,可以防止颜料絮凝、减少浮色问题、提高着色力,改善漆膜光泽及鲜映度。

EFKA-4400 主要用于汽车漆和汽车修补面漆。

EFKA-4401 主要用于高档工业漆、汽车面漆和微脂色母浆。

EFKA-4403 是专为醇酸树脂色浆设计的。可以用于醇酸系统、硝基系统。

用法用量:

商品名	用量(以颜料总量计)/%	添加方法
EFKA-4400	无机颜料 3~5 有机颜料 10~30 炭黑 20~35	应在颜料添加前先将助剂加入研磨浆料中。
EFKA-4401		
EFKA-4403		

(31) EFKA-5063、EFKA-5064、EFKA-5065、EFKA-5066、EFKA-5070 润湿分散剂

供应厂商:荷兰埃夫卡助剂公司(EFKA)

组分：EFKA-5063　不饱和羧酸盐和部分酰胺

EFKA-5064　不饱和羧酸盐和部分酰胺并结合有机改性聚硅氧烷

EFKA-5065　不饱和羧酸盐并结合有机改性聚硅氧烷

EFKA-5066　不饱和羧酸

EFKA-5070　高分子羧酸盐加入非常相容的有机硅氧烷

性能及用途：

商品名	不挥发份/%	溶剂
EFKA-5063	52	烷基苯/双异丁基酮
EFKA-5064	52	乙酸丁酯/仲醇
EFKA-5065	52	乙酸丁酯/二甲苯/仲醇
EFKA-5066	52	烷基苯/双异丁基酮
EFKA-5070	52	烷基苯

此类助剂可以降低颜、填料与基料间的表面张力，从而使颜、填料易于被润湿、分散。减少研磨时间并获得好的分散稳定性。避免颜料沉淀和浮色发花的产生，也利于涂膜流平和增加光泽。

EFKA-5063、EFKA-5064、EFKA-5070 适用于气干型中油醇酸系统、醇酸氨苯烘漆、丙烯酸系统、双组分聚氨酯和氯化聚合物。它们不能与 200 号溶剂汽油相溶，因此不能用于以 200 号溶剂汽油稀释的系统。

EFKA-5065、EFKA-5066 适用于中度至高极性体系如醇酸氨基、硝基系统、双组分丙烯酸、氯化聚合物等系统。

用法用量：

商品名	用量(以颜料量计)/%		用途
	无机颜料	有机颜料	
EFKA-5063	0.2~2.0	2.5~5.0	应在颜料添加前先将助剂加入研磨浆料中。
EFKA-5064	0.5~2.5	2.5~5.0	
EFKA-5065	0.5~2.5	0.1~1.0(按总配方)	
EFKA-5066	0.5~2.5	0.1~1.0(按总配方)	
EFKA-5070	0.5~4.0	8.0~16.0	

（32）EFKA-5010、EFKA-5044、EFKA-5054，EFKA-50SS、EFKA-5207、EFKA-5244 润湿分散剂

供应厂商：荷兰埃夫卡助剂公司(EFKA)

组分：EFKA-5010　聚酰胺改性高分子羧酸盐

EFKA-5044　聚酰胺改性高分子羧酸盐

EFKA-5054　羧酸盐

EFKA - 5055　高分子羧酸盐,聚酰胺改性

EFKA - 5207　带羟基的不饱和酸酯

EFKA - 5244　聚酰胺改性的羧酸酯

性能及用途:

商品名	不挥发份/%	溶剂
EFKA - 5010	50	二甲苯/丁醇
EFKA - 5044	52	二甲苯/乙酸丁酯
EFKA - 5054	52	烷基苯
EFKA - 5055	52	甲氧基丙醇/烷基苯
EFKA - 5207	100	—
EFKA - 5244	100	—

　　以上助剂能降低颜、填料与基料之间的表面张力,利于颜料的润湿、分散。能减少研磨时间,使分散体系稳定,避免颜料沉淀,改善涂料流动性和涂膜光泽。

　　EFKA - 5010 特别适用于钛白粉的分散,具有很好的降粘作用,也可以用于其他填料和无机颜料的分散。推荐用于汽车漆、汽车修补漆、工业涂料、卷钢涂料和酸固化涂料。

　　EFKA - 5044 推荐用于制造膨润土的预制浆,也可以用于有机、无机颜料。它可以与各种溶剂型、无溶剂型体系相容,不影响双组分涂料的活化期。

　　EFKA - 5054 适用于非极性至中度极性体系,如气干型醇酸体系、醇酸氨基体系、环氧体系等。它在硝基漆中可能会引起褪色。在温度低时 EFKA - 5054 会产生浑浊,提高温度后会恢复正常,不影响功效。

　　EFKA - 5055 性能及用途与 EFKA - 5054 相似,它还可以用于氯化聚合物体系。

　　EFKA - 5207 是特为长油至中油醇酸开发的润湿剂,它对所有的颜料都有润湿分散效果。

　　EFKA - 5244 推荐用于配制膨润土预制浆,可与溶剂型、无溶剂型涂料相容。对双组分涂料的活化期无影响。

用法用量:

商品名	用量(以颜料量计)/%			用途
	无机颜料	有机颜料	膨润土	
EFKA - 5010	5~10	—	—	应在颜料添加前先将助剂加入研磨浆料中。 若用于制膨润土预制浆时,将润湿剂作为膨润土的活化剂使用。
EFKA - 5044	0.2~2.0	2.0~5.0	30~50	
EFKA - 5054	0.5~2.0	2.0~5.0	30~50	
EFKA - 5055	0.5~2.0	—	30~50	
EFKA - 5207	3.0~5.0	—	—	
EFKA - 5244	0.1~1.0	1.0~2.5	15~25	

（33）EFKA-6225 分散、展色剂

供应厂商：荷兰埃夫卡助剂公司（EFKA）

组分：脂肪酸改性聚酯

性能及用途：

本产品有效成分 100%。其比 EFKA-6220 拥有更高的分子量。对有机颜料和炭黑具有更佳的分散和分散稳定性。它在水中具有自乳化作用，所以也可以用于水性体系、水性色浆，增加各颜料的分散性以使涂料具有更好的展色性。若用于硝基漆，可促进其光泽。

用法用量：

当用于色浆或涂料时，其用量应以颜料总量计，无机颜料为 5%～10%，有机颜料为 10%～20%。应于研磨之前添加。

（34）EFKA-6745、EFKA-6746、EFKA-6750 协同分散剂

供应厂商：荷兰埃夫卡助剂公司（EFKA）

组分：EFKA-6745、EFKA-6746 为经过表面处理的铜酞菁

性能及用途：

以上三助剂有效成分皆为 100%，属于协同型分散助剂，即需与高分子分散剂并用。它们的作用是改进高分子类分散剂在颜料表面的吸附效果，使涂料体系的分散和分散稳定效果更佳。该类助剂对防止浮色和稳定色相有极佳效果。

EFKA-6745、EFKA-6746 适用于酞菁系颜料。EFKA-6750 适用于有机黄、有机红。

用法用量：

用量为颜料量的 3%～5%。其添加方法是依次加入溶剂与协同分散剂，加入颜料，加入分散剂与树脂后进行研磨。

（35）Dispers 610、Dispers 610S、Dispers 630、Dispers 700、Dispers 710 润湿分散剂

供应厂商：迪高化工公司（Tego）

组分：Dispers 610　高分子量不饱和聚碳酸溶液

Dispers 610S　高分子量不饱和聚碳酸溶液，含有机改性聚硅氧烷

Dispers 630　含胺衍生物的高分子量聚碳酸溶液

Dispers 700　具有表面活性的碱性和酸性脂肪酸衍生物溶液

Dispers 710　碱性的氨基甲酸酯共聚物溶液

性能及用途：

物理性质	Dispers 610	Dispers 610S	Dispers 630	Dispers 700	Dispers 710
外观	黄红色透明液体	黄红色透明液体	红色透明液体	微红色透明液体	黄色浑浊液体
活性物含量/%	50	50	50	50	35
酸值(4%)/mg KOH·g^{-1}	120～160	100～140	48～51	—	—
密度/g·cm^{-3}	0.94～0.96	0.94～0.96	—	0.90～0.93	大约 1.0
溶剂	二甲苯/二异丁基酮=9:1	二甲苯/二异丁基酮=9:1	高沸点芳烃溶剂	二甲苯	MPV/丁酯=7:3

Dispers 610 推荐用于无机颜、填料,适用于中至高极性体系,能改善对颜料的润湿性,提高颜料分散体的稳定性,并且能在颜、填料间产生一种受控的絮凝结构,防止涂料浮色以及硬性沉淀。与有机硅类表面控制助剂,如 Glide 450 一起使用,对一些极易产生浮色发花的涂料体系,改善尤为明显。可用于双组分聚氨酯涂料、氨基烤漆、木器涂料、氯化橡胶和乙烯类涂料。

Dispers 610S 与 Dispers 610 一样,用于分散无机颜料。由于含有机硅,能够消除贝纳德旋涡,因而可以防止涂料浮色发花。

Dispers 630 适用于中至低极性的溶剂型和无溶剂型涂料体系,提高无机颜料的分散稳定性。通过受控的絮凝作用使涂料形成触变结构,防止涂料浮色、发花,也有助于防止沉淀和流挂。可用于胺固化的环氧体系、烤漆、气干涂料和不饱和聚酯木器涂料。

Dispers 700 可以改善对无机颜料的润湿,降低研磨黏度,减少研磨时间,提高颜料的分散稳定性。Dispers 700 具有去絮凝作用,可以改善涂料光泽,提高流动性,防止涂料浮色。也可用于膨润土浆的生产。

Dispers 710 是氨基甲酸酯类的高分子型的润湿分散剂,适用于溶剂型涂料中的有机、无机颜料及炭黑的分散,能改善对颜料的润湿性,提高颜料着色力,由于本身分子量较高,吸附基团多,可以在颜料表面形成厚且牢固的吸附层,因而具有非常好的空间位阻作用,颜料分散体稳定。Dispers 710 具有去絮凝作用,能降低研磨黏度,改善涂料光泽和流动性。推荐用于中至高极性体系,也可用于色浆和 UV 涂料。

用法用量:

助剂	Dispers 610	Dispers 610S	Dispers 630	Dispers 700	Dispers 710
按总配方量计/%	0.1～1.0	0.1～1.0	0.1～1.0	—	0.05～1.0
按无机颜料量计/%	0.5～2.5	0.5～2.5	0.5～2.0	0.4～4.0	5～40
按膨润土量计/%	—	—	—	30～50	—
按有机颜料量计/%	—	—	—	—	15～40
按炭黑量计/%	—	—	—	—	40～85

以上各助剂都应于研磨前加入。

(36) Dispers 650、Dispcrs 651、Dispers 652 用于通用色浆的润湿分散剂

供应厂商:迪高化工公司(Tego)

组分:Dispers 650、Dispers 651　带颜料亲和基团的特殊改性聚醚

　　Dispers 652　高浓度的脂肪酸衍生物

性能与用途:

物理性质	Dispers 650	Dispers 651	Dispers 652
外观	黄红色透明液体	微红色透明液体	红色透明液体
活性物含量/%	100	30	100
pH 值	—	8～9	—

物理性质	Dispers 650	Dispers 651	Dispers 652
黏度/mPa·s	200～800	100～500	1400～2300
溶剂	—	水	—

以上产品是推荐用于生产通用色浆的系列润湿分散剂,由于这些分散剂特殊的聚醚结构,用它们生产的色浆具有非常好的相容性,可以用于水性和溶剂型涂料的调色,例如建筑涂料就是一个典型应用。其中 Dispers 650 是非离子型的高分子化合物,依靠空间位阻作用稳定颜料,适用于有机颜料和炭黑的分散,展色力强,颜料分散体稳定性高。Dispers 651 是阴离子型的高分子化合物,主要用于无机颜料,也可用于有机颜料,在某些情况下(如分散氧化铁系列无机颜料),分散体的黏度可能较高,此时,可以添加 Dispers 652 来改善相容性,降低研磨黏度。Dispers 652 除了作为 Dispers 651 的辅助分散剂,改善体系的流变性外,也可以改善色浆在溶剂型涂料中的相容性,另外也可以用于 UV 体系,改善消光粉浆的流变性,防止消光粉沉降。这三个分散剂都不含烷氧基壬基酚类化合物,符合环保要求。

用法用量:

Dispers 650　有机颜料或炭黑量的 10.0%～40.0%,或总配方量的 0.3%～3.0%。

Dispers 651　无机颜料或炭黑量的 10.0%～40.0%,或总配方量的 0.3%～3.0%。

Dispers 652　色浆配方量的 0.5%～2.5%,或涂料总配方量的 0.3%～2.0%。

以上润湿分散剂均应于研磨前加入。

(37) Dispers 680 UV、Dispers 681 UV 辐射固化涂料用润湿分散剂

供应厂商:迪高化工公司(Tego)

组分:含氨基官能团聚酯

性能及用途:

物理性质	Dispers 680 UV	Dispers 681 UV
外观	蜡状固体	蜡状固体
活性物含量/%	100	100
熔点/℃	45～50	45～50

以上两种助剂是推荐用于 UV 体系的高性能分散剂,不含溶剂,与各种单体和低聚物的相容性好,降低研磨黏度,提高研磨时颜料含量,展色力好,改善光泽和流动性。其中 Dispers 680 UV 推荐用于分散炭黑,Dispers 681 UV 推荐用于分散有机颜料。

用法用量:

以上两种助剂的添加以原装物计,为颜、填料用量的 10%～25%。于研磨前添加。由于这两种分散剂常温下是固体,因此使用时,必须先在 50 ℃下,溶于单体、低聚物或溶剂中,做成含量为 20% 的分散剂溶液,然后再使用。

(38) TEGO® Wet KL 245、TEGO® Wet 250、TEGO® Wet 260、TEGO® Wet 265、

TEGO® Wet 270、TEGO® Wet 280 有机硅基材润湿剂

供应厂商:迪高化工公司(Tego)

组分:聚醚硅氧烷共聚物

性能及用途:

物理性质	Wet KL 245	Wet 250	Wet 260	Wet 265	Wet 270	Wet 280
外观	透明液体	透明液体	透明液体	透明液体	透明液体	透明液体
活性物含量/%	100	100	100	100	100	100
pH 值(4%)	5.5~7.5	—	—	—	—	—
密度/g·cm⁻³	1.02~1.05	1.00~1.02	1.01~1.03	—	大约 1.0	—

该一系列助剂均为聚硅氧烷/聚醚共聚物基材润湿剂,活性物含量均为 100%,推荐用于水性体系,均不影响体系的重涂性。基材润湿剂通过降低体系的表面张力,解决因为基材表面张力低、涂料的表面张力高,或者周围环境对基材的污染引起的基材润湿差和缩孔等问题,甚至可以防止由消泡剂引起的缩孔。同时还具有突出的对塑料、薄膜、铝箔和金属表面的扩展性以及对木材和矿石等的渗透性。因为能够降低基材和涂料之间的界面张力,所以可以提高涂料的附着力。

Wet 245 具有非常优越的相容性。Wet 265 和 Wet 270 还附带有流动促进作用,同时可以润湿木材细孔。Wet 280 对低能表面基材有强烈的润湿作用,在喷漆中容易雾化,即使漆膜很薄也能有效覆盖。

其中 TEGO® Wet KL 245、Wet 260 和 Wet 280 为水溶性;另外,TEGO® Wet KL 245 和 Wet 270 还推荐用于溶剂型和 UV 体系。针对不同产品推荐用于汽车涂料、塑料涂料、工业涂料、建筑涂料、木器家具涂料、装饰性涂料、皮革涂料和丝网印刷油墨等。

用法用量:

商品名	Wet KL 245	Wet 250	Wet 260	Wet 265	Wet 270	Wet 280
用量(按总配方量计)/%	0.2~1.0	0.2~1.0	0.2~1.0	0.2~1.5	0.05~1.0	0.05~1.0

(39) TEGO® Wet 500、TEGO® Wet 505、TEGO® Wet 510 不含硅酮的基材润湿剂

供应厂商:迪高化工公司(Tego)

组分:非离子型有机表面活性剂

性能及用途:

物理性质 \ 商品名	Wet 500	Wet 505	Wet 510
外观	透明液体	透明液体	透明液体
活性物含量/%	100	100	100
羟基值/mg KOH·g⁻¹	120~140	116~128	118~131

(续表)

物理性质　　商品名	Wet 500	Wet 505	Wet 510
酸值/mg KOH·g^{-1}	0.15	0.15	0.15
密度/g·cm^{-3}	0.94～0.98	—	0.92～1.02

TEGO 公司提供的高动态,不含聚硅氧烷(硅酮)的基材润湿剂系列产品。属于非离子型的疏水性表面活性剂,为 100% 有效成分,不含溶剂,特别适用于水性涂料、油墨体系和电泳漆体系。不溶于水,为低黏度液体,容易处理和加入。可以提高润湿、流动和流平,同时它们与多种水性树脂相容,不影响体系的抗水性、重涂性、重印性、胶化性能和泡沫行为。

Wet 505 更疏水,特别适合于研磨阶段,具有脱泡和消泡特点。Wet 500 更通用,适合于研磨阶段和调稀阶段,具有抑泡特点。Wet 510 更亲水,适合于低黏度体系,具有不稳泡特点。

针对不同产品主要应用于工业和防腐涂料、汽车涂料(腻子和底漆)、电泳涂料、木器家具涂料、凸印和凹印油墨。

用法用量:

商品名	Wet 500	Wet 505	Wet 510
用量(按总配方量计)/%	0.1～2.0	0.1～2.0	0.1～1.0

(40) TEGO® Wet 590、TEGO® Wet 591 非硅类的基材润湿剂

供应厂商:迪高化工公司(Tego)

组分:二异辛基磺酰基丁二酸钠溶液

性能及用途:

物理性质	Wet 590	Wet 591
外观	透明液体	透明液体
活性物含量/%	75	75
溶剂	水/乙醇＝3∶2	水/丙二醇＝1∶1

这是一类非聚硅氧烷(硅酮)类的表面活性剂类的基材润湿剂,适用于水性体系。可降低静态和动态表面张力,含乙醇或乙二醇。主要推荐应用于水性凹版或凸版油墨体系、罩印清漆以及水性涂料体系。其高效的基材润湿性提高了印刷过程中油墨对基材的润湿速度,同时还增强了油墨对蜡的润湿性。

用法用量:用量为总配方量的 0.2%～2.0%。

(41) EFKA-3570 水性涂料用流平及防催化剂

供应厂商:荷兰埃夫卡助剂公司(EFKA)

组分:氟碳聚合物

性能及用途:

商品名	有效成分/%	溶剂
EFKA-3570	60	水、中和剂 DMEA

本产品具有出色的防缩孔性能,良好的底材润湿性,促进流平而不影响层间附着力。其适用的 pH 值应大于 7.6。推荐用于各种水性涂料体系。

用法用量:

其用量为总配方量的 0.5%~1.5%,应于涂料制造的最后阶段加入并分散均匀。

(42) EFKA-4500、EFKA-4560 聚丙烯酸酯型分散剂

供应厂商:荷兰埃夫卡助剂公司(EFKA)

组分:EFKA-4500　自乳化型改性聚丙烯酸酯

　　　EFKA-4560　改性聚丙烯酸酯

性能及用途:

商品名	有效成分/%	溶剂
EFKA-4500	50	仲醇
EFKA-4560	40	水

以上两种助剂能有效稳定有机颜料和无机颜料,防止颜料絮凝、提高着色力、改善光泽、减小浮色问题。

EFKA-4500 具有自乳化能力,由于其带有伯羟基,可以与氨基树脂在烘烤条件下交联,具有一定的抗水性。推荐用于高档水性工业涂料。

EFKA-4560 和各种水性树脂具有优良的相容性。其可以单独,也可以与分散树脂共同配制无机、有机挥发物的水性微脂色母浆。用于各种水性涂料的调色。

用法用量:

商品名	用量(以颜料总量计)/%	用法
EFKA-4500	无机颜料 3~5 有机颜料 10~30 炭黑 20~35	应在颜料添加前先将助剂加入研磨浆料中。
EFKA-4560		

(43) EFKA-4510、EFKA-4530、EFKA-4540、EFKA-4550 聚丙烯酸酯型分散剂

供应厂商:荷兰埃夫卡助剂公司(EFKA)

组分:改性聚丙烯酸酯

性能及用途:

商品名	有效成分/%	溶剂
EFKA-4510	50	乙酸甲氧基丙醇
EFKA-4530	50	乙酸甲氧基丙醇
EFKA-4540	50	水
EFKA-4550	50	水

以上助剂能有效稳定有机颜料和无机颜料,防止颜料絮凝、防止浮色、提高光泽、提高着色力。

EFKA-4510中和后比EFKA-4500有更佳的水溶性,若要完全水溶可以加入2.5%二甲基乙醇胺。推荐用于各类高档水性工业涂料。

EFKA-4530可以作为成膜高分子物,其与各类水性及溶剂型树脂均有好的相容性。抗水性优良。使用前应先中和至pH值8.5～9.0。若要完全水溶,可以加入8.5%的AMP-90。推荐用于各类水性高档涂料,也可以用于生产水性或溶剂型微脂色母浆。

EFKA-4540、EFKA-4550与一般的水性树脂有好的相容性,推荐单独或与分散树脂共同制造无机、有机挥发物的水性微脂色母浆。

用法用量:

商品名	用量(以颜料总量计)/%	用法
EFKA-4510	无机颜料 3～5 有机颜料 10～30 炭黑 20～35	应在颜料添加前先将助剂加入研磨浆料中。
EFKA-4530		
EFKA-4540		
EFKA-4550		

(44) EFKA-5071润湿分散剂

供应厂商:荷兰埃夫卡助剂公司(EFKA)

组分:羧酸类烷基醇铵盐

性能及用途:

本产品属于阴离子型润湿分散剂,有效成分为52%的水溶液。其适用于水性涂料体系。有利于颜、填料的润湿、分散,防止颜料沉淀,避免浮色、发花。

用法用量:

其添加量以颜料总量计:无机颜料为0.5%～2.0%、有机颜料为2.5%～5.0%。应于颜料添加之前加入研磨浆料中。

(45) Dispers 715W、Dispers 740W建筑涂料用润湿分散剂

供应厂商:迪高化工公司(Tego)

组分:Dispers 715W 聚丙烯酸钠溶液

　　　Dispers 740W 非离子型改性脂肪酸衍生物,不含芳香烃胺和乙氧基壬基酚

性能及用途:

商品名 物理性质	Dispers 715W	Dispers 740W
外观	黄色透明液体	透明或轻微浑浊液体
活性物含量/%	40	75
溶剂	水	—
pH 值	8～9	5～7(10%)

Dispers 715W 是用于水性建筑涂料的阴离子型润湿分散剂,主要用于分散无机颜料和填料,强烈降低研磨黏度,提高研磨效率,用其制得的涂料具有较好的稳定性。通常,推荐与非离子型润湿分散剂(如 Dispers 740W)合用,以提高涂料与色浆的相容性和稳定性。

Dispers 740W 是一种经济而有效的水性涂料用非离子型润湿分散剂,主要用于建筑涂料中的颜料分散,可用于生产不含树脂的色浆,展色力好,在生产色浆时,可以与 Dispers 760W 合用,以提高对某些颜料的润湿性。由于它独特的长链两性结构,与阴离子型分散剂(Dispers 715W)共同使用时,可以提高涂料的稳定性以及与色浆的相容性。不含溶剂和乙氧基壬基酚,符合环保要求,已获得 FDA 认证。

用法用量:

商品名	Dispers 715W	Dispers 740W
按总配方量计/%	0.3～1.0	0.2～2.0
按无机颜料量计/%	—	4.0～20
按有机颜料量计/%	—	10～40
按炭黑量计/%	—	20～100

以上助剂应于研磨前加入体系。

(46) Dispers 735W、Dispers 745W、Dispers 750W、Dispers 752W、Dispers 760W 水性涂料用高分子类润湿分散剂

供应厂商:迪高化工公司(Tego)

组分:Dispers 735W 带高颜料亲和基团的改性聚丙烯酸酯溶液

    Dispers 745W 带高颜料亲和基团的有机改性聚丙烯酸酯溶液

    Dispers 750W、Dispers 752W 带颜料亲和基团的共聚物水溶液

    Dispers 760W 带颜料亲和基团的聚合物和表面活性剂的水溶液

性能及用途:

商品名 物理性质	Dispers 735W	Dispers 745W	Dispers 750W	Dispers 752W	Dispers 760W
外观	黄色透明液体	透明或轻微浑浊液体	黄色透明液体	黄色透明液体	透明或轻微浑浊液体
活性物含量/%	45	45	40	50	35

（续表）

商品名 物理性质	Dispers 735W	Dispers 745W	Dispers 750W	Dispers 752W	Dispers 760W
溶剂	水/二丙二醇单甲醚/丙二醇正丁醚＝6：1：6	水/二丙二醇单甲醚/丙二醇正丁醚＝30：4：1	水	水	水
pH 值	8	4	5	—	—

Dispers 735W 是含高颜料亲和基的高分子型分散剂,主要用来分散无机颜料和消光粉,防止颜料和消光粉絮凝沉淀,与多种水性涂料用基料相容,特别适用于生产水性色浆。不含乙氧基壬基酚类化合物,推荐用于水性工业涂料、木器涂料、皮革涂料、水性塑胶漆等多种涂料体系。

Dispers 745W 是含高颜料亲和基的高分子型分散剂,主要用来分散有机颜料,具有非常好的展色力和稳定性,降低研磨黏度,缩短研磨时间,与多种水性涂料用基料相容,对耐水性没有不良影响,可用来生产水性色浆。不含乙氧基壬基酚类化合物,推荐用于水性汽车漆、木器涂料、工业涂料和水性塑胶漆等水性涂料体系。在分散炭黑等无机颜料时添加少量氨有助于中和酸性颜料表面。

Dispers 750W 是含高颜料亲和基的高分子型分散剂,对有机、无机颜料及炭黑具有高的分散效率,非常适合用于生产水性色浆,具有非常好的润湿性、展色力和稳定性,对耐水性无不良影响,与多种水性涂料用基料相容。不含乙氧基壬基酚类化合物,推荐用于水性汽车漆、工业涂料、木器涂料以及印刷油墨。在用于生产无机颜料色浆时,添加流变剂,如气相二氧化硅,可以防止沉淀。

Dispers 752W 是含高颜料亲和基的高分子型分散剂,专门用来分散透明氧化铁系列颜料和透明钛白粉的高性能分散剂。不含乙氧基壬基酚类化合物,推荐用来生产色浆,对涂料的透明性没有影响,不稳泡,可用于水性木器涂料、水性木器着色剂、汽车漆以及工业涂料。

Dispers 760W 是含有高颜料亲和基的聚合物和表面活性剂的水溶液,推荐用于印刷油墨的分散剂,也可用于工业涂料和色浆。适合分散炭黑和有机颜料,一般推荐与水分散性树脂合用,强烈降低研磨黏度,具有非常好的润湿性和展色力,改善光泽。不含乙氧基壬基酚类化合物。另外也可用于生产喷墨,这时推荐与 Dispers 750W 合用,改善稳定性。Dispers 740W 生产色浆时也可用 Dispers 760W 来改善对颜料的润湿性。

用法用量:

Dispers 735W　无机颜料量的 4.0％～20.0％,消光粉量的 20％～40.0％。

Dispers 745W　　无机颜料量的 4％～35％,有机颜料量的 20％～85％,炭黑量的 40％～120％,或者总配方量的 0.3％～2.0％。

Dispers 750W　　无机颜料量的 5％～30％,有机颜料量的 20％～70％,炭黑量的 40％～120％,或者总配方量的 0.5％～2.0％。

Dispers 752W　　颜料量的 10％～65％。

Dispers 760W　　在研磨树脂不变的条件下,为研磨配方量的 3.0％～12.0％。如用来替代部分研磨树脂,则为研磨配方量的 5.0％～20.0％。

第3章 消泡剂

3.1 泡沫

在涂料配方设计过程中,我们除了要考虑涂料的保护作用以外,对涂料的装饰功能也有着很高的要求。为了应对不同客户对涂料品质的要求,我们需要在涂料配方中加入乳化剂、分散剂、流平剂、附着力促进剂和增稠剂等多种添加剂。这些添加剂有无机化合物,有有机小分子,也有高分子产品,其中多数属于表面活性剂范畴。因而在涂料生产、运输和施工等过程中都有可能会产生大量泡沫。

在涂料工业中,水性建筑涂料的泡沫问题最为突出,也最为典型,这是由于它的特殊配方和特殊工艺所致。

3.1.1 泡沫的性质

涂料生产过程中,由于搅拌等诸多因素,液体或固体中可能会包裹部分不溶性气体,形成独立个体,这就是我们常说的气泡。有些气泡是独立存在的,而有些气泡则会聚集在一起,相互之间由薄膜隔开,这种气泡的聚集体称作泡沫。存在泡沫的体系一般常见于气/液、气/固、气/液/固系统。像其他任何材料一样,泡沫只在它不能转变成低能态时才能保持其结构。泡沫一直处于一种热力学不稳定的状态,这种状态是一种动态的平衡,当一个气泡发生改变,其相邻位置的气泡也会随着发生变化。

Margolles 等从形态学的角度把泡沫分成了两种类型:(1) 球形泡沫:由单个的、独立的气泡所组成。它的产生可以不依赖于表面活性剂,但是一般稳定性较差。(2) 多面体泡沫:由液膜将气体分割成不规则的气泡组成。一般情况下,球形泡沫会很快由于表面张力的作用发生变形,堆积形成不规则的多面体泡沫。

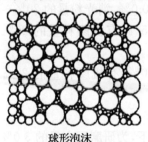 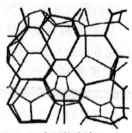

球形泡沫　　　　　　　多面体泡沫

图3-1　泡沫的类型

3.1.2　泡沫的产生和危害

在涂料中,配方的设计、生产、储存和施工,每个环节均伴随着泡沫的产生、稳定和消除。泡沫的存在,会给生产和施工带来各种各样不利的影响。在水性建筑涂料中,泡沫的产生和危害主要有以下几个方面:

① 乳胶漆是以水为稀释剂,在乳液聚合时就必须使用一定数量的乳化剂才能制取稳定的乳液。乳化剂的使用,致使乳液体系表面张力大大下降,而且乳化剂本身具有一定的稳泡性(如图 3-2 所示)。因此,在涂料生产过程中,乳液的加入容易产生大量泡沫,且泡沫不容易被消除。在水性建筑涂料中,这是泡沫产生的主要原因之一。

② 乳胶漆生产过程中,会对颜、填料进行高速研磨,所用的润湿剂和分散剂大多属于表面活性剂,能降低体系的表面张力,有助于泡沫的产生及稳定,这一过程中会产生大量泡沫(如图 3-3 所示)。大量的泡沫会使剪切力无法传递给物料,电机空转,设备利用率严重下降,导致颜、填料分散不充分,大大影响生产效率。

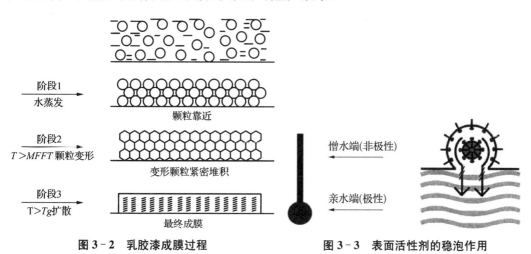

图 3-2　乳胶漆成膜过程　　　　图 3-3　表面活性剂的稳泡作用

③ 乳胶漆生产结束后,泡沫过多,会导致密度前后不一致。包装时,需要多次灌装才能达到固定的重量。这也无形中增加了涂料的生产成本。

④ 乳胶漆的黏度太低,会造成颜、填料的分离和沉降,也会影响施工。因此,配方中会加入一定的增稠剂。但增稠剂的使用会使泡沫的膜壁增厚,弹性增加,使泡沫变得更加稳定而不易消除。

⑤ 在施工过程中,通常会用刷涂、辊涂、喷涂等不同的施工工艺,这也会不同程度地带入空气,促使泡沫产生。漆膜中的泡沫会造成大量的表面缺陷,既有损外观,又影响漆膜的最终性能。

总而言之,要想彻底解决涂料的泡沫问题,在设计配方时,需要对涂料的生产、储存和施工有着全面的了解和综合的考虑。

3.1.3　影响泡沫稳定性的因素

影响泡沫稳定性的因素有:(1)溶液的黏度;(2)溶液的表面张力;(3)泡沫的表面

黏度;(4) 表面活性剂的结构;(5) Marangoni 效应;(6) 泡沫的弹性;(7) 其他影响因素。

其他影响因素包括:温度、溶剂的挥发速度、酸碱度、表面活性剂的吸附快慢、泡沫的大小、泡沫的受冲击程度、体系中各组分的相互作用等。在不同体系中,影响泡沫稳定的主要因素不尽相同,多种因素同时存在,共同作用。泡沫的弹性是影响泡沫稳定性的主要因素。

基于此,泡沫的消除也可用以下几种方法:(1) 破坏膜的弹性;(2) 促进液膜排液;(3) 消泡剂的加入降低了泡沫局部的表面张力导致泡破;(4) 低分子消泡剂乙醇、丙醇等的加入使表面层的表面活性剂浓度降低,并溶入表面活性剂吸附层破坏泡沫稳定性。

3.1.4　消泡剂的消泡作用

泡沫在热力学上是一种不稳定体系,有表面积自行缩小的趋势,泡沫从液体内部上升至液面,气泡壁液膜由于表面张力差异和重力的原因会自行排水,液膜变薄,及至临界厚度时自行破裂。它的破除要经过气泡的再分布、膜厚的减薄和膜壁的破裂三个过程。但是稳定的泡沫体系,要经过这三个过程而达到自然消泡需要很长的时间,这对工业生产来说是不现实的,多数场合要加入化学物质进行消泡。

凡是加入少量并能使泡沫很快消失的物质均可称为消泡剂。消泡剂多数属于表面活性剂类型。消泡剂能够在泡沫体系中造成表面张力不平衡,并能改变泡沫体的表观黏度,取代表面弹性的物质。它具有较低的表面张力和 HLB 值,密度比体系介质小,不能溶解于体系之中,也不参加化学反应。它能按一定的粒度大小均匀地分散于体系介质中,产生持续和均衡的消泡能力。消泡剂不但能够阻止体系泡沫的产生,而且还能迅速消除已经产生的泡沫。

美国胶体化学家罗斯(Ross,S.)四十年代初就开始研究泡沫问题,对添加了各种表面活性剂的起泡体系,进行试验和观察,寻找消泡剂在液体中溶解性与消泡效力的对应关系。罗斯提出一种假说:在溶液中,溶解状态的溶质是稳泡剂;不溶状态的溶质,当渗入系数 E 与散布系数 S 均为正值时,可用作消泡剂。按照 Ross 提出的公式:

$$渗入系数 \qquad E = Y_L + Y_{DL} - Y_D > 0 \qquad (1)$$

$$散布系数 \qquad S = Y_L - Y_{DL} - Y_D > 0 \qquad (2)$$

式中:Y_L 为泡沫介质的表面张力;Y_D 为消泡剂的表面张力;Y_{DL} 为泡沫介质和消泡剂之间的界面张力。

根据上述表达式,消泡剂应同时具有足够大的正渗入系数 E 和正散布系数 S,这样才能有消泡作用。为了保证渗入系数 E 值为正值,式(1)中 Y_D 就必须足够小,即消泡剂本身的表面张力要小。为了保证散布系数 S 值为正值,式(2)中,不仅 Y_D 要小,而且 Y_{DL} 也要小,即泡沫介质和消泡剂之间的界面张力也要低,这就要求消泡剂本身应具有一定的亲水性,使其既不溶于液体介质中,又能很好地进行散布。

3.2 消泡剂的作用原理

消泡剂的消泡作用主要分为抑泡、脱泡和破泡,市面上消泡剂根据其消泡作用分为抑泡剂、脱泡剂和破泡剂。抑泡剂吸附于气泡膜壁上,排挤或取代起泡剂,使其无法形成有效的起泡剂吸附层,从而抑制了泡沫的产生。脱泡剂能使相邻的泡沫互相聚集合并,体积变大,向表面运动的速度加快,从而脱除泡沫,如图 3-4 所示。破泡剂是通过表面张力的作用渗入泡膜、扩散、取代泡膜膜层,膜层变薄,进而受到周围表面张力大的膜层强力牵引,使已经产生的泡沫就此破裂,如图 3-5 所示。

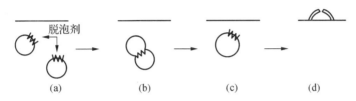

图 3-4 脱泡剂的脱泡作用
(a) 脱泡剂附着在气液界面;(b) 相邻气泡结合;(c) 大气泡上升;(d) 气泡浮出液面,发生破裂

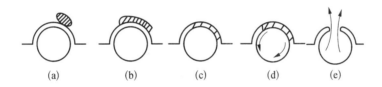

图 3-5 破泡剂的破泡作用
(a) 破泡剂附着在泡膜上;(b) 破泡剂在泡膜上扩散;(c) 破泡剂进入泡膜;
(d) 泡膜层变薄;(e) 发生破泡

抑泡剂、脱泡剂和破泡剂的目的都是消除泡沫,一般统称为消泡剂。在实际应用中,消泡剂一般兼具抑泡、脱泡和破泡作用的两种或三种,在脱泡的同时也有着破泡作用,在破泡的同时也有着抑泡作用。

3.2.1 消泡剂的消泡机理

消泡剂先自发进入液膜内,在界面上迅速铺展、分散,改变液膜的界面性能,从而使膜破裂。不同类型的消泡剂破坏泡沫的方式也有区别,例如:磷酸三丁酯是降低液膜的表面黏度,使液膜的排液速度增加达到消泡效果;醇类和乙醚通过铺展于界面上,所到之处表面张力下降,把泡沫内的液体向高表面张力处牵引,使膜变薄破裂。

3.2.2 涂料工业对消泡剂的基本要求

一种性能优异的消泡剂应具备以下条件:
(1) 消、抑泡性能好,见效快,用量少。
(2) 化学惰性。当加到发泡体系,不会影响其生产过程,不改变发泡体系基本性质。

（3）表面张力小，要低于发泡体系，这样才能快速在发泡体系中铺展和分散。

（4）不溶于发泡体系，易于扩散和渗透。

（5）无毒，无污染，安全性好。

（6）耐酸碱性、耐高低温，贮藏稳定性好。

3.2.3　消泡剂的性能评价

消泡剂的评价可从相容性、抑泡性、消泡性、脱气性、涂刷性等方面评估。

（1）消泡性能实验

测定在外力作用下，消泡剂对涂料体系泡沫的抑制、脱除和破裂的能力。主要实验方法有量筒法、高速搅拌法、鼓泡法和振动法。

（2）涂装实验

测定消泡剂对涂膜性能影响的实验，包括缩孔、混溶性、光泽、调色性等方面，必要时还需要进行曝晒试验。主要实验方法有喷涂法、刷涂法、刮涂法、辊涂法等。

（3）储存稳定性实验

即使是非常有效的消泡剂，可能由于它能缓慢溶于起泡介质中或从起泡介质中游离出来而造成消泡性能的下降，因此储存稳定性的测试在工业生产中就显得非常重要。一般是将加有消泡剂的样品，在 50～60 ℃恒温箱中储存一段时间后，再用上述两种方法进行消泡性能测试。

消泡剂的评价没有固定的标准，都是通过相互比较评判消泡性能的优劣。测试方法、测试条件、消泡剂浓度、搅拌时间和强度、消泡剂液滴的大小都对测试结果有影响。选用哪种方法进行评价，取决于涂料的实际应用情况。

3.2.4　消泡剂应用中应注意的问题

（1）在不同生产工艺中，消泡剂的用法也有所区别，施工方法不同，用量也不一样。辊涂时会带入空气，气泡增多，就应适当多加消泡剂。

（2）相容性问题。如果消泡剂与体系的相容性差，会出现浑浊、漂浮，甚至颜色发生改变，层间附着力也会受到影响。

（3）使用前要搅拌均匀。因为消泡剂是几种不同性质和作用的混合物，易分层。

（4）温度的影响。在树脂的合成阶段，应选用高温消泡剂，否则会出现消泡剂破乳，失去消泡效果。

（5）pH 值的影响。在强酸强碱体系中，如果用有机硅消泡剂，会产生严重的破乳。

（6）尽量选用大厂的产品，大厂有自己的生产中心和技术支持，批次间的稳定性有保障。

（7）多考虑负面影响。

相容性很好的低分子表面活性剂不能消泡，甚至会起泡和稳泡，但完全不相容的表面活性剂会导致缩孔等表面缺陷。真正好的消泡剂应该是在涂料体系中相容与不相容之间有着良好的平衡点。过度的相容性和不相容性都不会产生理想的消泡效果，这也是选择消泡剂困难的主要原因。

3.3 消泡剂的发展及研究现状

消泡剂的发展主要经历了如下几代发展。

第一代消泡剂：有机类消泡剂。

有机类消泡剂主要包括醇类物质（如异辛醇、异戊醇、二异丁基甲醇等）、油脂类（如Span、脂肪酸甘油酯等）、胺和酰胺类（如二硬脂酰乙二胺、油酰二乙烯三胺缩合物等）等。比如在早期德国实验物理学家 Quineke，就用乙醚蒸汽来消除肥皂泡。此类消泡剂来源广泛易得，价格比较便宜。一般适用于发泡能力较低的体系，但是对于致密性泡沫破除率低，而且易对发泡体系产生影响，所以其发展受限。

第二代消泡剂：聚醚类消泡剂。

美国 Wyandott 公司在 1954 年，研发并首先投产使用了聚醚类消泡剂。它主要包括以下几种：（1）直链聚醚，如环氧乙烯的加聚物、聚丙二醇等；（2）聚氧乙烯醇及其衍生物、二戊胺等。此类消泡剂的性能特点是：抑泡能力强、无味、无毒、使用方便、易分散、热稳定性和化学稳定性好等，一般用于发酵、食品、洗涤、纤维加工等行业。在近来研究中，通过开环聚合法，以环氧丙烷、环氧乙烷为原料制得的聚醚具有多种优良性能。这类聚醚可以调节环氧乙烷、环氧丙烷在分子中的数量及比值，以此提升聚醚对水或者油的溶解性，改变本身的浊点，使其具有低表面张力的特点，从而具备良好的消、抑泡性能。但是这类消泡剂的缺点就是破泡率低，如果发泡体系突然急剧产生泡沫，它不能快速、有效地破除泡沫，只有重新添加适量消泡剂才能达到消泡效果。于正浪等以聚醚酯、高级脂肪醇、混合液态烃等几种具有消泡作用的物质有机结合在一起，配以乳化剂得到高效的聚醚酯/高级脂肪醇复合乳液消泡剂，适用于造纸工业体系。

第三代消泡剂：有机硅类消泡剂。

有机硅因为其独特的分子结构，使其具有一些优异的性能，比如耐高低温性能、低表面张力、化学惰性、不易燃等，所以被广泛地应用于轻工、化工、纺织、建筑、食品、医疗、航空航天、电子电气等诸多领域。

但是在消泡领域，有机硅由于在溶液中分散性较差，不能单独使用于消泡过程，因此常常作为一种重要的消泡剂组分。它一般需要通过和白炭黑、乳化剂、去离子水等复配，从而制得有机硅消泡剂。有机硅消泡剂具有无污染、起效快、用量少、化学惰性等优点，某些性能优良的有机硅消泡剂在苛刻条件下，也能取得满意的效果。目前有机硅类消泡剂在造纸、废水处理、石油加工、发酵等行业被广泛使用。此类消泡剂的消泡性能较好，但是抑泡能力相对较差。制造有机硅消泡剂的过程中乳化是关键步骤，但同时乳化过程复杂，如果在制备过程中乳化不完全或者是乳化剂选择不适当，既会影响产品的稳定性，也会影响产品的使用效果导致消、抑泡性能下降。

近年来，我国在有机硅消泡剂研制方面取得长足发展。肖继波等以二甲基硅油和白炭黑制成硅膏，配以 Span60 和 Tween60 复合乳化剂，十二烷基苯磺酸钠和羧甲基纤维素钠为增稠剂，通过普通搅拌均匀分散得乳白色有机硅消泡剂。此消泡剂具有良好的贮藏稳定性，对 pH 在 1～14 的水溶液发泡体系有良好的消、抑泡效果。

黄成等以高、低黏度(500 mPa·s、1 000 mPa·s)的二甲基硅油、疏水气相二氧化硅,以及 4wt% 的聚醚改性硅油配制为主消泡成分,再加入 6wt% 乳化剂(HLB=9.5),0.5wt% 的增稠剂。经高速剪切乳化制备得到有机硅消泡剂,其消、抑泡性能优于同类产品,可以有效解决在 30～90 ℃ 条件下的造纸黑液发泡问题。

黄良仙等通过把 16wt% 甲基硅油、1.3wt% 气相二氧化硅、10wt% 自制聚醚改性硅油复合制成硅膏,通过 6wt% 的复合 Span80-Tween80(HLB=10)乳化,再加入 1wt% 的增稠剂,其余为水,搅拌均匀分散。得到具有耐热稳定性好,在水中易分散,性能优良的乳液型有机硅消泡剂。

第四代消泡剂:聚醚改性有机硅消泡剂。

在此类消泡剂中主要成分是聚醚改性有机硅,它是通过化学反应,将具有聚醚链段和聚硅氧烷链段的物质结合起来的一种有机聚合物。所以,此类消泡剂是将聚醚类消泡剂、有机硅类消泡剂的优点有效结合起来。聚醚链段使聚醚改性有机硅的亲水性加强,可以提高与其他水溶性物质的相合性,而且能够适应强酸、强碱、高温环境,大大提高了消泡剂使用范围,同时具有聚醚类消泡剂抑泡性能好的特点。疏水性的聚硅氧烷链段可以提高聚醚改性有机硅的憎水性,并使其具有低表面张力,大大增强消泡剂的消泡性能,同时还具有挥发性低、生理惰性、不污染环境等优点。因此它具有众多的表面活性优点,在消泡工业、印染工业、农药工业、化妆品工业等都可以适用。我国在聚醚改性有机硅的开发与研究比国外起步较晚,众多原料都依赖于进口。但是近年来我国研究逐渐重视和加快,因此在我国聚醚改性有机硅具有广阔的发展前景和巨大的市场价值。

目前有许多专家和学者对其进行了研究。张安琪等通过硅膏与聚醚改性,硅油质量比 9:1,乳化剂 5%(HLB=9.5),在 70 ℃ 乳化得到固含量 40%,在 28 mg/L 的消泡及抑泡率 100%,适用于海水直流冷却系统的消泡剂。

王婷婷等利用 PHMS 和 APE 在铂催化作用下,制备得到聚醚改性硅油,并通过 FTIR 表征了其结构。再与硅膏、石蜡、复合乳化剂等混合,机械剪切制得消泡剂 XP。该消泡剂在 100 ℃ 高温,pH=14 的强碱环境中都具有优异的消、抑泡性能,且在水中分散性好,能够长久保存,是一种优良的消泡剂。

鲁亚青等通过含氢硅油与封端烯丙基聚醚,在氯铂酸催化剂作用下得到聚醚改性有机硅,经复配得到聚醚改性有机硅消泡剂,并以此探讨了此类消泡剂的消泡机理以及白炭黑在消泡剂中协同作用的原因。

夏俊维等在无溶剂条件下合成烯丙基聚氧乙烯醚和低含氢硅油,得到 27.8 mN/m 低表面张力的聚醚改性有机硅,在最优制备条件下,原料转化率为 88.58%。再加入适量二甲基硅油经 Span60 乳化,得到粒径小且分布均匀的稳定乳液型消泡剂。

聚醚改性有机硅一般以聚醚链段和聚硅氧烷链段的化学键结合方式分为: Si—O—C 键型和 Si—C 键型。而 Si—O—C 键型的聚醚改性有机硅抗水性能较差,在有水条件下易与水反应,发生分解,故被称为水解型,它的典型结构分为两种,Si—C 键型的聚醚改性有机硅抗水性能较好,不易与水发生反应,故称为非水解型。其主要结构如下(式中 R 为氢原子,酰氧基,烷基等)。通过 m、n、a 参数的改变,可以制备得到聚合度不同,结构不同的聚醚改性有机硅以适应不同工作环境。目前研究的主要方向是 Si—C 键连接形式侧链型的聚醚改性有机硅。

（1）SiOC 类支链型

$$MeSi \begin{cases} O(Me_2SiO)_n(C_2H_4O)_nR \\ O(Me_2SiO)_n(C_2H_4O)_nR \\ O(Me_2SiO)_n(C_2H_4O)_nR \end{cases}$$

（2）SiOC 类侧链型

$$MeSiO(Me_2SiO)_m(Me_2SiO)_nSiMe_2$$
$$|$$
$$O(C_2H_4O)_aR$$

（3）SiC 类侧链型

$$Me_2SiO(Me_2SiO)_m(Me_2SiO)_nSiMe_3$$
$$|$$
$$C_3H_6O(C_2H_4O)_aR$$

（4）SiC 类两端型

$$R(OC_2H_4)_aOH_6C_3(Me_2SiO)_nSiMe_2C_3H_6O(C_2H_4O)_aR$$

（5）SiC 类单端型

$$R(OC_2H_4)_aOH_6C_3(Me_2SiO)_nSiMe_3$$

R 基不同有不同性质。比如 R 为—$C_3H_6NH_2$，特性为反应性、吸附性；R 为 —$C_3H_6O(C_2H_4O)_m(C_3H_6O)$，特性为水溶性、表面活性。所以改性基团的存在改变了聚醚改性有机硅的性质，使其具有更突出的性能。目前，在纺织、拒水、防霉、防污、印染助剂、消泡、阻燃等许多方面都有高性能聚醚改性有机硅的应用。

3.4　典型的消泡剂品种

（1）BYK-051、BYK-052、BYK-053、BYK-055、BYK-057 溶剂型和无溶剂体系用的不含有机硅消泡剂

供应厂商：德国毕克化学公司（BYK）

组分：不含有机硅的破泡聚合物溶液

性能及用途：

商品名	密度/g·cm⁻³	不挥发份/%	溶剂
BYK-051	0.82	20	溶剂汽油/羟基乙酸丁酯/乙二醇丁醚=71∶8∶1
BYK-052	0.82	20	溶剂汽油/羟基乙酸丁酯/乙二醇丁醚=71∶8∶1
BYK-053	0.82	20	溶剂汽油/羟基乙酸丁酯/乙二醇丁醚=71∶8∶1
BYK-055	0.88	7	烷基苯/丙二醇甲醚醋酸酯=12∶1
BYK-057	0.89	44	烷基苯/丙二醇甲醚醋酸酯=8∶1

BYK-051 在 BYK-051/BYK-052/BYK-053 系列中混溶性最好，故在极性体系

中消泡效果最佳,在非极性体系中消泡效果并不显著,用于清漆不影响透明度,用于涂料不产生缩孔。

BYK-052比BYK-051较不易混溶,在非极性体系中比BYK-051有更好的消泡效果,在许多溶剂型涂料中用作标准的消泡剂,但对透明度及缩孔现象有一定的影响。

BYK-053是这三个消泡剂中最不混溶的,在极性和非极性体系中表现出最好的消泡性能,在低剂量下就能快速和自发地破泡,但对透明度及缩孔现象有影响。

BYK-055特别适用于以高光泽聚酯、含石蜡聚酯、紫外光固化聚酯为基料的木器和家具涂料。在环氧涂料中也能获得良好的效果。在幕涂施工中即使薄涂,仍能提供幕帘的稳定性。应用于木器清漆时,在深暗色木面上会发生微量浑浊。

BYK-057适用于不饱和聚酯,丙烯酸/乙酸乙烯组合和无油聚酯。它还可以作为脱泡和流平助剂使用。

BYK-051/BYK-052/BYK-053用于工业产品涂料、汽车漆、建筑漆、木器和家具涂料等效果优秀,也可用于防护涂料、罐头涂料及卷钢涂料。

BYK-055/BYK-057用于防护涂料、木器和家具涂料、罐头涂料及卷钢涂料等效果优秀,BYK-055也可用于工业涂料。BYK-057用于工业涂料效果优秀,也可用于建筑涂料。

用法用量:

商品名	用量(按配方总量计)/%
BYK-051/BYK-052/BYK-053	0.05~0.5
BYK-055/BYK-057	0.1~1.5

应在研磨前加入,若在后阶段加入,则应有足够高的剪切力保证消泡剂分散均匀。

(2) BYK-020、BYK-065、BYK-066N、BYK-067A、BYK-070、BYK-080A、BYK-088、BYK-141有机硅消泡剂

供应厂商:德国毕克化学公司(BYK)

组分:BYK-020、BYK-065、BYK-066N 破泡聚硅氧烷溶液

　　　BYK-067A、BYK-080A 破泡聚硅氧烷的非水溶液

　　　BYK-070、BYK-088、BYK-141 破泡聚合物和聚硅氧烷溶液

性能及用途:

商品名	密度/g·cm^{-3}	不挥发份/%	溶剂
BYK-020	0.88	10	乙二醇丁醚/乙基己醇/溶剂汽油=6:2:1
BYK-065	0.95	≤1	环己酮
BYK-066N	0.81	≤1	二异丁基甲酮
BYK-067A	1.06	89	丙二醇
BYK-070	0.89	9	二甲苯/丙二醇甲醚醋酸酯/乙酸丁酯=10:2:1
BYK-080A	1.07	88	丙二醇
BYK-088	0.75	3.3	异链烷烃
BYK-141	0.87	3	烷基苯/异丁醇=11:2

BYK-020适用于气干和烘干底漆的水性涂料(特别是胺中和的),或用于金属、木材和纸张的紫外光固化涂料。

BYK-065适用于下列体系:氯化橡胶、乙烯类、丙烯酸类、木材保护清漆(长油醇酸树脂)、机械用漆(中油醇酸树脂)。

BYK-066N是高效消泡剂,适用于氯化橡胶、环氧、双组分聚氨酯、醇酸/三聚氰胺、醇酸、自交联丙烯酸等树脂体系。

BYK-067A是BYK-066N的少溶剂及无异味品种,特别适用于无芳烃漆及高固体体系。

BYK-070适用于中至高极性体系,如热塑性丙烯酸、氯化橡胶、聚氨酯、醇酸、脲醛、醇酸/三聚氰胺、丙烯酸/三聚氰胺等树脂体系,以及由它们为基料的机械用涂料、散热器漆、工业涂料、木器清漆和汽车漆。

BYK-080A应用于胺中和的水性漆及溶剂型涂料。

BYK-088在所有的溶剂型和无溶剂体系中(包括无芳烃)显示优异的消泡效果。特别适用于罐头涂料,也可以用于工业涂料、木器和家具涂料、无溶剂紫外光固化涂料。

BYK-141适用于无油聚酯、乙烯类、聚氨酯、环氧酯、硝酸纤维素和酸固化等树脂体系的工业涂料、纸张涂料、地面涂料和幕式淋涂木材涂料。

用法用量:

商品名	用量(按配方总量计)/%
BYK-065、BYK-088	0.1～1.0
BYK-066N	0.1～0.7
BYK-020、BYK-067A、BYK-141	0.1～0.7
BYK-070	0.3～0.8
BYK-080A	0.05～0.6

应在研磨前加入,若在后阶段加入,则应有足够高的剪切力保证消泡剂分散均匀。BYK-080A在使用前不可预先稀释。

(3) BYK-A530溶剂型和无溶剂体系用脱泡剂与消泡剂

供应厂商:德国毕克化学公司(BYK)

组分:破泡聚合物和聚硅氧烷溶液

性能及用途:

商品名	密度/g·cm^{-3}	不挥发份/%	溶剂
BYK-A530	0.81	5	烃类混合物(石蜡系、环烷系)

本品是优秀的消泡和脱泡剂,在生产和加工涂料体系时,均表现出有效性。适用于环氧树脂体系。

用法用量:

按配方总量的0.2%～0.8%。添加前应先将本品混合入树脂中,在生产和使用阶段均可添加。

(4) BYK-071 有机硅消泡剂

供应厂商:德国毕克化学公司(BYK)

组分:破泡聚硅氧烷溶液

性能及用途:

商品名	密度/g·cm⁻³	不挥发份/%	溶剂
BYK-071	0.87	3.5	二甲苯

本品在涂料的生产、包装和施工过程中能有效防止泡沫的形成。在中、低极性木器涂料中(尤其是醇酸)具有最佳的综合性能。不产生缩孔,而且在某种程度上可提高表面滑度,帮助消光剂定向排列取得均匀的亚光效果,在淋涂时不破坏淋涂幕帘的稳定。

用法用量:

按总配方量的 0.3%~2.0%添加。

(5) BYK-060N 溶剂型涂料用消泡剂

供应厂商:德国毕克化学公司(BYK)

组分:破泡聚合物和聚硅氧烷溶液

性能及用途:

商品名	密度/g·cm⁻³	不挥发份/%	溶剂
BYK-060N	0.81	2.8	二异丁基甲酮

本品属高效消泡剂,仅加入少量即可得到最佳消泡效果。适用于环氧、双组分聚氨酯、醇酸/三聚氰胺、醇酸、自交联丙烯酸和乙烯基树脂等树脂体系。

用法用量:

按配方总量的 0.05%~0.7%。应在研磨前加入,如果后加入,则需有足够高的剪切力使其均匀分散。

(6) BYK-392 溶剂型涂料用防爆泡和流平助剂

供应厂商:德国毕克化学公司(BYK)

组分:丙烯酸酯共聚物溶液

性能及用途:

商品名	密度/g·cm⁻³	不挥发份/%	溶剂
BYK-392	0.97	50	丙二醇甲醚醋酸酯

本品在烤漆体系中作为防爆泡助剂,由于它的非极性结构,也能起到消泡和脱泡剂作用,能提高流平和光泽,仅轻微降低表面张力。适用于溶剂型涂料,特别适用于无气/含气喷涂体系。

用法用量:

按配方总量的 0.1%~1.0%添加。可在生产过程中任何阶段添加,也可后添加。

（7）BYK-019、BYK-021、BYK-022、BYK-023、BYK-024、BYK-025、BYK-028A 水性体系用的有机硅消泡剂

供应厂商:德国毕克化学公司(BYK)

组分:BYK-019　聚醚改性聚硅氧烷溶液

BYK-021、BYK-022、BYK-024、BYK-028A　在聚乙二醇中的憎水固体和破泡聚硅氧烷的混合物

BYK-023　憎水固体、乳化剂和破泡聚硅氧烷溶液

BYK-025　破泡聚硅氧烷溶液

性能及用途:

商品名	密度/g·cm⁻³	不挥发份/%	溶剂
BYK-019	0.98	60	二丙二醇单甲醚
BYK-021	1.00	≥97	—
BYK-022	1.00	≥97	—
BYK-023	1.00	19	水
BYK-024	1.01	≥96	—
BYK-025	0.96	19	二丙二醇单甲醚
BYK-028A	1.04	≥98	—

BYK-019 特别适用于水性的聚氨酯分散体涂料和聚氨酯/丙烯酸组合水性涂料,也可用于颜料浓缩浆的消泡。为了减少微泡,将 BYK-019 与 BYK-024 按 3:2 比例混合可得极好的效果。

BYK-021 适用于苯乙烯/丙烯酸酯、丙烯酸酯、丙烯酸/聚氨酯等乳液体系及其颜料体积浓度在 18%～25% 的乳胶漆。它在高光和半光水性涂料中能改善微泡,尤其是在无空气和空气喷涂时。

BYK-022 适用于苯乙烯/丙烯酸酯、丙烯酸酯、丙烯酸/聚氨酯等乳液体系及其颜料体积浓度在 18%～25% 的乳胶漆。也可用于胺中和体系,对微泡很有效。

BYK-023 适用于苯乙烯/丙烯酸酯、丙烯酸酯或三元共聚体的乳液体系及其颜料体积浓度为 30%～50% 的乳胶漆,也可用于混合体系。

BYK-024 适用于颜料体积浓度为 0～25% 的聚氨酯和丙烯酸/聚氨酯的乳液体系,特别适用于辊涂、刷涂或喷涂施工。

BYK-025 适用于不含颜料的聚氨酯和丙烯酸/聚氨酯乳液体系。它很容易加入,当涂料在幕涂机上涂布时可允许后添加至最佳使用量。

BYK-028A 是水性体系的标准消泡剂,易加入,适用于颜料体积浓度为 0～25% 的丙烯酸/聚氨酯或聚氨酯等乳胶漆。

这些消泡剂是基于憎水的聚硅氧烷,消泡剂的混溶性取决于聚硅氧烷的憎水性。聚硅氧烷越憎水,则助剂越不混溶,其消泡性越好。

憎水性由强到弱(混溶性由弱到强)：BYK－019、BYK－021、BYK－022、BYK－023、BYK－024、BYK－028A、BYK－025。

用法用量：

分两次加入，研磨时加 2/3 的量，调漆时再加 1/3 的量。

商品名	用量(按配方总量计)/%
BYK－019	0.1～1.0
BYK－021	0.1～0.8
BYK－022	0.05～0.8
BYK－023	0.05～0.8
BYK－024	0.1～1.0
BYK－025	0.1～1.5
BYK－028A	0.1～1.0

(8) BYK－011 不含有机硅的聚合物型消泡剂

供应厂商：德国毕克化学公司(BYK)

组分：不含有机硅、破泡聚合物和憎水固体的混合物

性能及用途：

商品名	密度/g·cm^{-3}	不挥发份/%	溶剂
BYK－011	0.80	20	烃类溶剂/异辛醇＝21∶1

本品适用于水性双组分体系，但应防止加入固化剂时发生起泡，也适用于清漆的消泡。本品不含有机硅及矿物油并能将超滤液消泡。

用法用量：

按配方总量计：水性双组分体系 1.0%～2.5%，其他体系 0.1%～1.5%。在低剪切力下很容易加入，可在研磨或调漆时加入。

(9) BYK－031、BYK－032、BYK－033、BYK－034、BYK－035、BYK－036、BYK－037、BYK－038、BYK－045 用于乳胶漆和乳液抹墙灰浆的消泡剂

供应厂商：德国毕克化学公司(BYK)

组分：BYK－031、BYK－032　石蜡基矿物油和憎水性组分的乳液

　　　BYK－033　石蜡基矿物油和憎水性组分的混合物

　　　BYK－034、BYK－035、BYK－038　含有机硅、石蜡基矿物油和憎水性组分的混合物

　　　BYK－036、BYK－037　含有机硅、石蜡基矿物油和憎水性组分的混合物

　　　BYK－045　破泡的聚硅氧烷、憎水性固体和乳化剂的乳液

性能及用途：

商品名	密度/g·cm⁻³	不挥发份/%	溶剂	不含烷基酚环氧乙烷加成物
BYK-031	0.93	53	水/油	是
BYK-032	0.94	52	油/水	否
BYK-033	0.87	≥97	—	否
BYK-034	0.88	≥97	—	否
BYK-035	0.88	≥97	—	是
BYK-036	0.94	51	油/水	否
BYK-037	0.94	54	水/油	是
BYK-038	0.88	≥97	—	是
BYK-045	1.00	8.5	油/水	是

BYK-031 适用于颜料体积浓度在 50%～85% 的高填充料的乳胶漆。需较高的剪切力才能得到最佳的混合。

BYK-032 性质与 BYK-031 相同,但其易乳化,较易混合,可取代 BYK-031。

BYK-033 适用于颜料体积浓度为 35%～70% 的乳胶漆。

BYK-034 是颜料体积浓度为 20%～70% 的乳胶体系的标准消泡剂,含有少量与涂料混溶的有机硅以增进消泡性能。

BYK-035 适用于颜料体积浓度为 20%～40% 的乳胶体系。它的有效性不受高剪切力的影响。

BYK-036 适用性广泛,是所有颜料体积浓度为 20%～85% 的乳液体系的标准消泡剂。它含有与涂料相混溶的有机硅,并具有优良的性价比。

BYK-037 适用于所有乳胶漆和抹灰浆中,也能在分散过程中起消泡效果,属于经济型消泡剂。

BYK-038 适用于不含烷基酚聚氧乙烯的乳液体系,含有少量有机硅,从而提高消泡能力。适用于颜料体积浓度为 20%～70% 的乳胶漆。

BYK-045 适用于颜料体积浓度为 40%～80% 的乳胶体系,并对无颜料体系(如黏合剂、木材着色剂)也非常有效,添加方便。在低黏度体系也不会分层,它是不含矿物油的有机硅消泡剂。

商品名＼应用范围	乳胶漆外墙涂料	乳液抹墙灰浆	乳液黏合剂	工业用乳液	有光和半光乳胶漆	黏合剂着色剂	乳液生产
BYK-031	○	●	○				
BYK-032	●		●				
BYK-033	●	●	●	●			○
BYK-034	○	○	○	●	●		●

（续表）

应用范围 商品名	乳胶漆外墙涂料	乳液抹墙灰浆	乳液黏合剂	工业用乳液	有光和半光乳胶漆	黏合剂着色剂	乳液生产
BYK‐035	○	○			●		
BYK‐036	●	●	●	●	●		●
BYK‐037	●	●	○	○	○		●
BYK‐038	○	○	○	●	●		●
BYK‐045		●				●	

注：●优秀；○良好

用法用量：

按配方总量的 0.1%～0.5%。研磨时添加 2/3 消泡剂，调漆时再加剩余 1/3 的量。

（10）BYK‐018 水性体系用有机硅消泡剂

供应厂商：德国毕克化学公司（BYK）

组分：破泡聚硅氧烷和憎水颗粒的聚乙二醇分散液

性能及用途：

商品名	密度/g·cm^{-3}	不挥发份/%
BYK‐018	1.00	≥97

本品适用于含颜料的苯丙、纯丙和丙烯酸/聚氨酯组合的乳胶漆。在用浸涂、流涂和无空气喷涂施工的乳胶漆中，能很有效消除微泡。

用法用量：

按配方总量的 0.05%～0.8% 添加。可在生产中任何阶段加入。常采用二次添加，2/3 消泡剂量加入研磨料中，1/3 在配漆时加入。需在高剪切力下加入使之分散均匀。

（11）BYK‐044 消泡剂

供应厂商：德国毕克化学公司（BYK）

组分：疏水颗粒和聚硅氧烷的乳液

性能及用途：

商品名	密度/g·cm^{-3}	不挥发份/%
BYK‐044	1.03	58

本品适用于乙二醇颜料浆、水性颜料浆和水性工业、建筑涂料（特别适用于纯丙和苯丙乳液的乳胶漆）。能在研磨和生产中消泡。

用法用量：

按配方总量的 0.05%～0.5% 或按颜料浓缩浆量的 0.2%～2.0% 添加。用于颜料浓缩浆时需加到研磨料中；用于水性漆时，2/3 加入研磨料中，1/3 量在配漆时加入。需在高速搅拌下加入。

（12）BYK-094用于水性体系用有机硅消泡剂

供应厂商：德国毕克化学公司（BYK）

组分：破泡聚硅氧烷和疏水颗粒的混合物

性能及用途：

商品名	密度/g·cm^{-3}	不挥发份/%
BYK-094	1.03	≥96

本品适用于含颜料和不含颜料的水性漆。它能防止涂料在生产和施工过程中起泡，并具有优异的长效性。它也适用于凸版和凹版油墨。在水性漆中较适用于建筑涂料、木器/地板清漆，也适用于家具涂料和塑料涂料。

用法用量：

按配方总量的0.1%～1.0%。可在生产中任何阶段添加。但需在中等以上的剪切力下分散均匀。

（13）BYK-1610、BYK-1615用于乳胶漆和抹墙灰浆的无矿物油型消泡剂

供应厂商：德国毕克化学公司（BYK）

组分：破泡的聚硅氧烷乳液，含憎水性固体乳化剂

性能及用途：

商品名	密度/g·cm^{-3}	不挥发份/%	
BYK-1610	1.00	1.7	不含烷基酚环氧乙烷加成物
BYK-1615	1.00	12.5	

BYK-1610适用于颜料体积浓度在35%～70%的乳胶漆和乳液抹墙灰浆。

BYK-1615适用于颜料体积浓度在60%～85%的高填充性乳胶漆。

用法用量：

按配方总量的0.1%～0.5%添加。先将2/3量的消泡剂量加入研磨料中，余下1/3量在配漆时加入。

（14）BYK-1650、BYK-1660用于水性体系的有机硅消泡剂

供应厂商：德国毕克化学公司（BYK）

组分：BYK-1650 硅氧化聚醚和疏水颗粒的乳液

　　　BYK-1660 硅氧化聚醚的乳液

性能及用途：

商品名	密度/g·cm^{-3}	不挥发份/%	
BYK-1650	1.00	27.9	无烷基酚乙氧酯
BYK-1660	1.01	28.8	

BYK-1650适用于颜料体积浓度在35%～70%的乳胶漆，如内墙乳胶漆和半光漆。

BYK-1660适用于苯丙和纯丙乳液的颜料体积浓度在20%～50%的高光乳胶漆和

半光漆。它们均具有长效性并且对涂料的颜色接受性无副作用。

用法用量：

按配方总量的 0.1%～1.0%。可在生产中任何阶段添加。

(15) EFKA-2018、EFKA-2020、EFKA-2021 消泡剂

供应厂商：荷兰埃夫卡助剂公司(EFKA)

组分：消泡物质，不含有机硅

性能及用途：

商品名	溶剂	外观
EFKA-2018	二甲苯	液体
EFKA-2020	特定沸点的醇	液体
EFKA-2021	二甲苯	液体

EFKA-2018 是专为木器涂料开发的消泡剂。其相容性好，因不产生浑浊适用于清漆或薄涂层。EFKA-2018 能解决因喷涂或淋涂施工所产生的气泡。适用于聚氨酯、酸固化和硝基漆。

EFKA-2020 可以加快脱泡效果，因此可以抑制或消除因泵送、辊涂或喷涂施工、多孔底材产生的气泡。其适用于以淋涂方式施工的硝基漆、酸固化木器漆，也可用于以刷涂或喷涂方式施工的双组分聚氨酯涂料、冷固化环氧系统及不饱和聚酯涂料。

EFKA-2021 能消除涂料加工过程、泵送循环、施工过程产生的气泡。同时可以防止涂层表面凹凸不平、促进流平、使漆膜平滑。其适用于以喷涂或淋涂方式施工的聚氨酯涂料、酸固化涂料以及气干烘烤型醇酸涂料。

用法用量：

商品名	用量(按配方总量计)/%	添加方法
EFKA-2018	0.1～2.0	可在生产前或后添加
EFKA-2020	0.1～0.7	可在生产前或后添加
EFKA-2021	0.5～2.0	于调漆时添加

(16) EFKA-2526、EFKA-2532 消泡剂

供应厂商：荷兰埃夫卡助剂公司(EFKA)

组分：EFKA-2526　有机聚合物及有机金属化合物的乳化液

　　　EFKA-2532　不含有机硅的低极性消泡物质

性能及用途：

商品名	有效成分/%	溶剂
EFKA-2526	76～78	水
EFKA-2532	58	水/二醇类

EFKA-2526 能控制涂料加工过程如搅拌、研磨、泵送时产生的气泡,并能消除施工时产生的气泡。适用于各类水性涂料。

EFKA-2532 可以控制和消除涂料制造和施工过程产生的气泡。推荐用于各类内墙和外墙乳胶漆。

用法用量:

EFKA-2526 用量为配方总量的 0.1%~1.0%。于研磨前后加入均可,也可以直接加入成品漆中,但必须充分分散均匀。

EFKA-2532 用量为配方总量的 0.2%~0.8%。可在生产过程任何阶段加入,但必须分散均匀。

(17) EFKA-2720、EFKA-2721、EFKA-2035 消泡剂

供应厂商:荷兰埃夫卡助剂公司(EFKA)

组分:不含有机硅的消泡物质

性能及用途:

商品名	EFKA-2720	EFKA-2721	EFKA-2035
溶剂	烷基苯/特定沸点的醇类	丙烯酸-2-乙基己酯	二异丁酮

EFKA-2720 具有极快的消泡效果,可以抑制气泡产生和消除涂料生产和施工过程产生的气泡。适用于环氧类、不饱和聚酯类、聚氯乙烯类涂料。由于其脱泡速度快,当用于热固化树脂系统时,能生产出无气泡或砂眼的自流平涂料。

EFKA-2721 是专门为紫外光固化和电子束固化涂料系统开发的消泡剂。它可以有效消除加工过程和施工过程产生的气泡。可以有效防止淋涂时破帘的产生。适用于光固化和电子束固化涂料。

EFKA-2035 具有快速脱泡功能,适用于自干和快干系统,如热塑性丙烯酸、乙烯系或氯化聚合物,也可以用于长油或中油醇酸涂料。用于无气喷涂也可以获得很好效果。

用法用量:

EFKA-2720 用量为配方总量的 0.1%~1.0%。可用于生产过程中需消泡剂时加入。

EFKA-2721 添加量为配方总量的 0.5%~1.0%。可用于生产过程中任何阶段添加,分散均匀即可。

EFKA-2035 用量为总配方量的 0.5%~1.0%。于研磨前加入效果最佳。

(18) EFKA-2022、EFKA-2023、EFKA-2025 消泡剂

供应厂商:荷兰埃夫卡助剂公司(EFKA)

组分:消泡物质,含有机硅

性能及用途:

商品名	EFKA-2022	EFKA-2023	EFKA-2025
溶剂	二甲苯/乙酸乙酯/乙酸丁酯/乙酸甲氧基丙酯	烷基苯/乙酸甲氧基丙酯	环己酮

以上助剂皆具有抑制涂料制造和施工时产生气泡的能力。

EFKA-2022 特别适合淋涂施工的聚氨酯涂料使用。也可以用于双组分聚氨酯、双组分环氧、醇酸烘漆、聚酯烘漆及中油醇酸树脂的气干型工业涂料。

EFKA-2023 适用于聚氨酯、环氧、酸固化硝基和无油聚酯系统。

EFKA-2025 适用于气干型丙烯酸涂料、乙烯系涂料、快干型工业/装饰涂料。也可以用于中油或长油醇酸树脂漆。EFKA-2025 适合无空气喷涂。

用法用量：

商品名	用量(按配方总量计)/%	用法
EFKA-2022	0.1～1.0	可在涂料生产的任何阶段加入并分散均匀。
EFKA-2023	0.1～0.5	
EFKA-2025	0.1～1.0	

(19) EFKA-2028、EFKA-2038、EFKA-2048、EFKA-2722 消泡剂

供应厂商：荷兰埃夫卡助剂公司(EFKA)

组分：含有机硅的消泡物质

性能及用途：

商品名	EFKA-2028	EFKA-2038 EFKA-2048	EFKA-2722
溶剂	二甲苯/乙酸乙酯/乙酸丁酯/乙酸甲氧基丙酯	二甲苯	乙酸甲氧基丙酯/烷基苯

EFKA-2028、EFKA-2038、EFKA-2048 是专门为木器涂料所开发的消泡剂，适用于聚氨酯、酸固化及硝基木器漆。EFKA-2028 能解决因喷涂和淋涂施工所产生的气泡，又具有与树脂体系较好的相容性。EFKA-2038 具有与树脂好的相容性，不会使涂料产生浑浊，可以用于清漆和薄涂层。EFKA-2048 兼具脱泡、消泡功能，又不会使涂料产生浑浊，适用于刷涂和滚涂施工的各类清漆。

EFKA-2722 能快速使无溶剂型环氧和聚氨酯涂料脱泡，也可以作为流平剂，使涂膜既无气泡、砂眼又具有平坦光滑的表面。

用法用量：

商品名	用量(按配方总量计)/%	用法
EFKA-2028	0.1～1.0	可在涂料生产的任何阶段加入并分散均匀。
EFKA-2038	0.1～1.0	
EFKA-2048	喷涂 0.1～1.0,刷涂 0.2～0.5	
EFKA-2722	0.5～1.5	需于拌和时加入

(20) EFKA-3277、EFKA-3772、EFKA-3777 流平剂

供应厂商：荷兰埃夫卡助剂公司(EFKA)

组分:氟碳改性聚丙烯酸酯

性能及用途:

商品名	有效成分/%	溶剂
EFKA－3277	100	—
EFKA－3772	60	仲丁醇
EFKA－3777	70	二甲苯

以上助剂具有促进流平、改善底材润湿性、防止橘皮、缩孔及消泡作用。该类助剂不影响层间附着力。

EFKA－3277 是不含溶剂的 EFKA－3777,适用于无溶剂涂料。二者皆可以用于烘烤型醇酸、丙烯酸、聚酯涂料、双组分环氧和工业涂料。EFKA－3777 还可以用于汽车漆及汽车修补漆。

EFKA－3772 适用于溶剂型汽车涂料、汽车修补漆、工业涂料。当 EFKA－3772 用氨水或 TEA(三乙醇胺)中和后可以用于水性涂料。如欲完全溶解可加 9% 的 TEA 或 12% 的氨水(25% 浓度),可以用于水性气干型或烘烤型涂料。

用法用量:

商品名	用量(按配方总量计)/%	用法
EFKA－3277	0.5～2.0	于调漆时加入并分散均匀。
EFKA－3772	0.5～2.0	
EFKA－3777	0.5～2.0	

第 4 章　流平剂

4.1　流平剂概述

流平性是衡量涂料在施工后经流动而形成平整、光滑、均匀涂膜的能力。在涂料施工过程中或施工后,由于流平性不佳,往往会出现如橘皮、刷痕、辊痕、浮色、缩孔、流挂等表面缺陷,不仅影响涂膜外观,还会降低或损坏其保护功能。

影响涂膜质量的一个重要因素是涂料的表面张力。其次,涂料的施工黏度、施工条件、湿膜厚度、表干时间等对涂膜质量也会有一定的影响。在涂装中,涂料对底材的润湿性及湿膜的流平性等均与表面张力密切相关。只有当涂料的表面张力低于底材的临界表面张力时,才能润湿底材并推动涂料在底材上展布成平整光滑的涂膜。湿膜的流平过程就是涂膜表层表面张力均匀化的过程。涂装后的湿膜在干燥的过程中,由于溶剂的不断挥发,使涂膜表层的表面张力增加、黏度和密度增大、温度下降,导致涂膜的表层和里层之间产生表面张力差及密度差,推动富集溶剂的低表面张力的下层涂料向高表面张力的涂膜上层运动并展布在涂膜表面,以达到表面张力均匀化;而表层的涂料因重力作用会下沉到涂膜底部。湿膜的这种表层流动和上下对流运动在反复进行,导致局部的涡动液流,在表面形成了不平整的结构,如贝纳德漩涡,这种近似六角形的旋涡结构使涂膜呈现出橘皮或浮色等现象。当湿膜因为溶剂挥发、黏度上升而失去有效的流动性时,如果涂膜表层的表面张力尚未能达到均匀化,那么正在流动的涂膜就不能继续流平而成为表面缺陷。

造成缩孔的主要原因是涂料的表面张力大于底材的临界表面张力,使得湿膜不能完全润湿底材,并且不能展布成均匀的涂膜。当底材受到油污、水分、尘埃或指印等污染,会导致受污染处的表面张力下降,湿膜将从这些受污染的点或区域向四周回缩而形成缩孔。此外,施工时飞散的漆雾和空气中的灰尘粒子以及涂料因溶解性差异或其他原因产生的不溶性粒子,均会在湿膜中形成低表面张力点,导致表面张力较高的湿膜不能润湿这些点而造成缩孔。

防止涂膜缩孔的有效方法是使用能强力降低涂料表面张力的防缩孔、流平剂,使涂料的表面张力低于底材的或涂膜中污染物的表面张力,帮助湿膜充分润湿底材及均匀地展布,并使涂膜表层尽快达到表面张力均匀化。

造成橘皮、刷痕、浮色等弊病的主要原因是由于溶剂挥发而在湿膜中产生的表面张力差和密度差,引起湿膜表层流动和上下对流,并且因涂料的流平性差或溶剂挥发过快而难以在有效的流动时间内达到表面张力均匀化而使湿膜的表面难以趋于平整。当湿膜因黏度升高使流动性受阻碍时,尚未流平的涂膜就会形成橘皮、刷痕、浮色等缺陷。涂料的表面张力过高、流平性不良、黏度过大、施工条件及施工环境的影响或稀释剂选择不当等,均会导致这些缺陷。

减轻或消除橘皮、刷痕、浮色等缺陷的主要方法是在涂料中加入流平剂,使涂料的表面张力适当降低,湿膜的流平时间延长,并能有效地降低涂膜表层和里层间的表面张力差,缩短表层流动及上下对流的时间,帮助表面张力尽快均匀化,从而可防止上述表面缺陷的产生。

4.2　流平剂的分类及作用原理

(1) 以高沸点溶剂为主要成分的流平剂

使用由高沸点的芳烃类、酯类、酮类、醚类及醚酯类等溶剂组成的混合溶剂,可调整溶剂的挥发速度及对树脂的溶解性,使涂膜在干燥过程中,具有较平衡的挥发速度及溶解力,防止因溶剂挥发过快、黏度过大而妨碍涂膜流动,造成流平不良的弊病,并可防止因溶剂挥发过快而引起的基料溶解性变差、析出所导致的缩孔现象。

(2) 丙烯酸酯型流平剂

常用的有丙烯酸酯类均聚物和共聚物,可以在一定程度上降低涂料的表面张力而提高对底材的润湿性和抗缩孔能力,并且因其"有限相容性"而能快速迁移到涂膜表面形成单分子层,使表面张力均匀化。丙烯酸酯类流平剂不仅可以促进涂膜的流动和流平,还不会影响涂膜的层间附着力,并且还有一定的消泡作用。

丙烯酸酯类流平剂的相容性是其控制涂膜表面状态能力的一项重要指标。相容性太好,溶在涂膜中,不会在涂膜表面形成新的界面,提供不了流平作用;相容性太差,不可能均匀地分布在涂膜表面,会相互聚集在一起,容易产生缩孔状的缺陷,会使涂膜光泽下降,产生雾影等不良的副作用。只有理想的受控相容性,才会在涂膜表面形成新的界面层,起到流平的作用。

丙烯酸酯类流平剂的受控性是通过改变分子量和极性来实现的。均聚物的相容性不如共聚物的好,所以丙烯酸均聚物不太适合作流平剂。理想的流平剂多采用共聚物,可以是三元共聚物,也可以是改性共聚物,只有共聚物才能通过不同的单体改变聚合物的极性和玻璃化温度。通常丙烯酸酯类流平剂的数均分子量被控制在 6 000～20 000 之间,分子量分布比较窄,玻璃化温度控制在 $-20\ ℃$ 以下,表面张力 $25～26\ mN/m$ 以下。这种相容性受限的丙烯酸共聚物被认为是良好的流平剂。

氟改性的丙烯酸酯类聚合物由于具有很低的表面张力,因此在降低涂料表面张力、防止涂膜缩孔以及改善流动、流平性等方面有很强的优势。但其稳泡,且可能导致层间附着力差,因而重涂会受到影响。

(3) 有机硅型流平剂

这类流平剂是用聚醚、聚酯、长链烷基或芳烷基改性的聚二甲基硅氧烷。随着其改性基团结构、数量的不同,以及聚硅氧烷分子量的差异而在用途上有所区别,但绝大多数可以强烈地降低涂料的表面张力,提高涂料对底材的润湿性,防止产生缩孔;并能够减少湿膜表面因溶剂挥发而产生的表面张力差,改善表面流动状态,缩短涂膜流平时间,避免出现橘皮、刷痕、辊痕、浮色等弊病。该类流平剂还能在涂膜表面形成一层极薄且光滑的膜,从而提高涂膜表面爽滑性及光泽。使用这一类流平剂时,要通过实验确定适宜的用量及加入方式等,以避免出现影响涂膜层间附着力或产生缩孔等副作用。

(4) 聚醚或聚酯改性有机硅氧烷

属于梳状结构的有机聚硅氧烷,分子量控制在 1 000～150 000 之间。其相容性是依靠聚醚和聚酯来调整的,链越长相容性越好。这类中聚醚改性的最多,通常使用环氧乙烷和环氧丙烷。随乙氧基含量的增加,其与水的相容性也随之提高,因此也完全可以合成水溶性的硅氧烷类的流平剂。环氧乙烷和环氧丙烷可以单独使用,也可以混合使用,用其来控制亲水、亲油性。如果同时含有乙氧基和丙氧基,就制成了水油两用的硅氧烷类的流平剂。分子量越大,其表面状态控制能力就越强,增滑性、抗粘连性就越好。

(5) 烷基改性有机硅氧烷

聚醚改性的聚硅氧烷有些不足之处,而烷基改性的聚硅氧烷恰恰具备了这些方面的优点,因此二者可以互补使用。

这一系列聚硅氧烷产品也属于梳状结构。这类产品的分子量比较小,在 10 000 左右。用烷基改性的目的主要是提高热稳定性、相容性和不稳泡性,甚至有消泡功能。但随改性烷基链的增长,其降低表面张力的能力也随之下降,一般碳链控制在 C1～C14 之间。

4.3　典型的流平剂

(1) BYK－300、BYK－301、BYK－302、BYK－331、BYK－335 中等程度降低表面张力的有机硅流平剂

供应厂商:德国毕克化学公司(BYK)

组分:聚醚改性聚二甲基硅氧烷

性能及用途:

商品名	密度/$g \cdot cm^{-3}$	不挥发份/%	溶剂
BYK－300	0.94	52	二甲苯/异丁醇＝4:1
BYK－301	0.97	52	乙二醇丁醚
BYK－302	1.04	≥95	
BYK－331	1.04	≥98	
BYK－335	0.91	25	烷基苯/二甲苯＝6:1

这些助剂能中等程度地降低涂料的表面张力,增加表面滑爽,改善流平和光泽,并能防止贝纳德旋涡的形成,同时改善对底材润湿和提供抗粘连性。

BYK－300 是溶剂型涂料标准的流平助剂。

BYK－301 的活性物质与 BYK－300 相同,它的溶剂是乙二醇丁醚,也可以适用于水性涂料。

BYK‑302是BYK‑300的无溶剂品种,适用于要求无溶剂助剂或需要特定溶剂的体系中。

BYK‑331适用于溶剂型、无溶剂和水性涂料,在双组分聚氨酯系统中,也可加到异氰酸酯固化剂中。

BYK‑335的性质与BYK‑300相似,适用于所有涂料体系做流平助剂。

应用范围 商品名	溶剂型涂料	无溶剂涂料	水性涂料
BYK‑300	●	○	
BYK‑301	●	○	●
BYK‑302	●	●	●
BYK‑331	●	●	○
BYK‑335	●	○	○

注:●优秀;○良好。

用法用量:

按配方总量计:BYK‑300、BYK‑301、BYK‑335为0.1%～0.3%;BYK‑302、BYK‑331为0.025%～0.2%。可在生产过程中任何阶段加入,也可后加入。为方便加入可使助剂先用合适的溶剂稀释。

(2) BYK‑306、BYK‑307、BYK‑308、BYK‑310、BYK‑330、BYK‑333、BYK‑341、BYK‑344强烈降低表面张力的有机硅流平剂

供应厂商:德国毕克化学公司(BYK)

组分:聚醚改性聚二甲基硅氧烷

性能及用途:

商品名	密度/$g \cdot cm^{-3}$	不挥发份/%	溶剂
BYK‑306	0.93	12.5	二甲苯/乙二醇单苯醚＝7:2
BYK‑307	1.03	≥97	—
BYK‑308	1.06	≥97	—
BYK‑310	0.91	25	二甲苯
BYK‑330	0.98	51	丙二醇甲醚醋酸酯
BYK‑333	1.04	≥97	—
BYK‑341	0.97	52	乙二醇丁醚
BYK‑344	0.94	52	二甲苯/异丁醇＝4:1

这些助剂能强烈降低涂料体系的表面张力,增进底材润湿,防止缩孔,增进表面爽滑和光泽。

BYK‑306是高效的有机硅助剂,能够润湿难以润湿的底材,改进灰尘和漆雾的容忍

性,并能在垂直面上有较厚的漆膜。它还能降低木材和家具涂料对气流的敏感性,也能增进消光剂的定向。

BYK-307 的性质相似于 BYK-306,由于无溶剂,故适用于要求无溶剂或需用特殊溶剂的体系中。

BYK-308 的应用技术性能与 BYK-307 相似,适用于制造纸张和纸盒版的消泡剂。

BYK-310 是耐热的有机硅助剂,不同于常规(聚醚改性的)有机硅助剂,在 150~230 ℃间无热分解,在烘烤体系的重涂时,不发生附着力损失和表面缺陷。应用于卷材涂料,可导致有机硅迁移至卷材的背面。

BYK-330 能增进流动和流平性、耐擦伤、防浮色发花和帮助消光粉的定向。它在表面有强的稳定效果,使涂料体系对杂质颗粒和强烈气流的敏感性显著降低。它能防止幕式淋涂中对预热模板施工时的表面缺陷。

BYK-333 可很强地增进表面爽滑和改进底材润湿,适用于所有的涂料体系。在水性涂料中可提高防粘连性。它具有优良的混溶性,还可用作防缩孔助剂。

BYK-341 能促进对底材的润湿,在溶剂型和水性体系中用作防缩孔助剂。

BYK-344 能增进表面爽滑,并降低表面张力而提供优秀的底材润湿,它又能防止粘连。

应用范围 商品名	溶剂型涂料	无溶剂涂料	水性涂料
BYK-306	●	○	○
BYK-307	●	●	○
BYK-308	●	●	○
BYK-310	●	○	
BYK-330	●	○	
BYK-333	●	●	●
BYK-341	●	○	●
BYK-344	●	○	

注:●优秀;○良好。

用法用量:

商品名	用量(按配方总量计)/%	备注
BYK-306、BYK-330	0.1~0.5	在无溶剂体系中可达到 0.5%,在水性和紫外光系统中可达到 1.0%。
BYK-307、BYK-308	0.01~0.15/0.05~0.2	
BYK-310	0.05~0.3	
BYK-333	0.05~0.3	
BYK-341、BYK-344	0.1~0.3	

以上助剂可在生产过程中任何阶段加入,也可后添加。加入前可将助剂用合适的溶剂稀释。

(3) BYK - 370、BYK - 371、BYK - 373、BYK - 375 反应性有机硅流平助剂

供应厂商:德国毕克化学公司(BYK)

组分:BYK - 370　聚酯改性含羟基官能团聚二甲基硅氧烷溶液

　　　BYK - 371　聚酯改性含丙烯酸官能团聚二甲基硅氧烷溶液

　　　BYK - 373　聚醚改性含羟基官能团聚二甲基硅氧烷溶液

　　　BYK - 375　聚醚聚酯改性含羟基官能团聚二甲基硅氧烷溶液

性能及用途:

商品名	密度/g·cm⁻³	不挥发份/%	溶剂
BYK - 370	0.92	25	二甲苯/烷基苯/环己酮/乙二醇单苯醚=75:11:7:7
BYK - 371	0.94	40	二甲苯
BYK - 373	0.99	50	丙二醇甲醚
BYK - 375	0.98	25	二丙二醇单甲醚

这些助剂属于反应性有机硅,并由于其活性(反应性)而交联在聚合物网络中,因而固定在漆膜表面。它们能增进滑爽,耐溶剂、耐候、抗粘连、少积尘。与标准的非反应性有机硅相比,这些性能在涂料体系中能更持久。它们能降低表面张力,增进底材润湿,又能增进流动和流平,并防止贝纳德旋涡的形成。

BYK - 370 以它的伯羟基与基料反应,可适用于双组分溶剂型聚氨酯,它也可以与下列基料交联:醇酸/三聚氰胺、聚酯/三聚氰胺、丙烯酸/三聚氰胺、自交联丙烯酸以及环氧。它能增进表面滑爽。

BYK - 373 有羟基官能团,但在每个分子中它含羟基较多,因而对表面张力的降低和对表面滑爽的增进均明显较少。它可以应用于 BYK - 370 的同样基料。另外,也可用于紫外光固化的木材和家具涂料,但其反应性组分并无活性,可改进流平性及在幕涂体系中使幕稳定。

BYK - 371 含有丙烯酸官能团,所以适用于所有的紫外光活性体系(如木材和家具涂料、纸张清漆)。它能帮助消光剂定向得到均匀的消光效果,在紫外光固化辊涂清漆中能增进底材润湿,在淋涂体系能稳定淋涂幕。

BYK - 375 适用于含有低助溶剂含量的水性涂料中,对这些体系具有良好的混溶性。它的伯羟基能与基料反应,故适用于交联型体系。它能与双组分聚氨酯、醇酸/三聚氰胺、聚酯/三聚氰胺、丙烯酸/三聚氰胺、丙烯酸/环氧等基料体系反应。

应用范围 商品名	溶剂型涂料	无溶剂涂料	水性涂料	含羟基的面漆	紫外光固化面漆
BYK - 370	●	○	○	●	
BYK - 371	●	○	○		●

应用范围 商品名	溶剂型涂料	无溶剂涂料	水性涂料	含羟基的面漆	紫外光固化面漆
BYK-373	●	●	○	●	●
BYK-375	○	○	●	●	○

注：●优秀；○良好。

用法用量：

商品名	用量（按配方总量计）/%	备注
BYK-370、BYK-371	0.1～0.5	在紫外光固化体系中为改进流平性时用量0.05%～0.4%。
BYK-373	0.1～0.5	
BYK-375	0.1～0.5	

以上助剂可在生产过程中任何阶段加入，也可后添加。

（4）BYK-077、BYK-085、BYK-315、BYK-320、BYK-322、BYK-323、BYK-325 轻微降低表面张力的有机硅流平助剂

供应厂商：德国毕克化学公司（BYK）

组分：BYK-077　聚甲基烷基硅氧烷溶液

　　　BYK-085　聚甲基烷基硅氧烷

　　　BYK-315　聚酯改性的聚甲基烷基硅氧烷溶液

　　　BYK-320、BYK-325　聚醚改性的聚甲基烷基硅氧烷溶液

　　　BYK-322、BYK-323　芳烷基改性的聚甲基烷基硅氧烷

性能与用途：

商品名	密度/g·cm^{-3}	不挥发份/%	溶剂
BYK-077	0.89	52	烷基苯
BYK-085	0.91	＞65	—
BYK-315	1.00	25	丙二醇甲醚醋酸酯/苯氧基乙醇=1∶1
BYK-320	0.86	52	溶剂汽油/丙二醇甲醚醋酸酯=9∶1
BYK-322	0.95	≥96	—
BYK-323	1.00	≥96	—
BYK-325	1.00	52	烷基苯/丁内酯=1∶1

这些助剂轻微降低涂料体系的表面张力。它们可以改善流动和流平性并表现出部分的消泡性质。此外它们还可以避免贝纳德旋涡的形成。

BYK-077在非极性至高极性涂料体系生产或应用过程中，能防止气泡的生成。在重涂时不会引起润湿不好或层间附着力的缺陷。

BYK-085是BYK-077的无溶剂品种，适用于要求无溶剂助剂或需用特定溶剂的

体系中。

BYK - 315 适用于汽车漆。它能改进流动和流平性，并增加光泽。它在清漆膜浸水测试后不泛白。

BYK - 320 是具有消泡性质的有机硅流平助剂，适用于非极性至中等极性涂料体系。随着涂料的极性提高，它的消泡性上升。在汽车漆和工业漆中，它可以避免下层涂膜的缺陷在上层显露出来的问题。欲防止这些弊病，应将 BYK - 320 加到需重涂的涂料中。

BYK - 322 是在烘烤温度高至 250 ℃仍稳定的有机硅助剂。它仅稍微降低涂膜的表面张力，一般不稳定泡沫，并有消泡作用。可重涂，不影响附着力。

BYK - 323 属耐高温助剂，可耐高温至 250 ℃，可重涂不影响层间附着力。在木材和家具涂料中，可用于平光面漆和多层涂料体系中的消光剂定向。即使在难以消光的高固体聚氨酯、酸固化和不饱和聚酯涂料中使用 BYK - 323 也不会引起"耀光"，而能得到消光剂的最佳定向。在淋涂体系中能使幕稳定。在工业产品涂料中，它能帮助消光剂和金属闪光漆中铝粉定向。

BYK - 325 可防止同一种涂料重涂时的"鬼影"(揩拭痕)，不会引起"润湿不好"或层间附着力问题。

这些助剂均可用于溶剂型涂料。BYK - 320、BYK - 325 还可用于水性涂料。

用法用量：

商品名	用量(按配方总量计)/%
BYK - 077、BYK - 315、BYK - 320、BYK - 325	0.05～0.6
BYK - 085、BYK - 322、BYK - 323	0.01～0.4

BYK - 077. BYK - 085 需添加到研磨料中，其余各助剂可以在涂料制造的任何阶段添加，也可以加入成品漆中。

(5) Byketol-OK、Byketol-Special 溶剂型涂料用流平剂

供应厂商：德国毕克化学公司(BYK)

组分：Byketol-OK　高沸点芳烃、酮、酯的组合

　　　Byketol-Special　高沸点芳烃、酮、酯和聚二甲基硅氧烷的组合

性能与用途：

商品名	密度/g·cm⁻³	不挥发份/%	溶剂
Byketol-OK	0.86	1	芳烃、酮、酯
Byketol-Special	0.87	1	芳烃、酮、酯

这些助剂能避免表面缺陷，如缩孔、针孔、起泡和橘皮，也能防止起痱子并改善流平性。应用于气干型和烘烤型合成树脂漆、氯化橡胶漆、硝基改性漆及聚氨酯。

用法用量：

按配方总量计：Byketol-OK 为 2%～7%；Byketol-Special 为 2%～5%。可在生产过

程任何阶段加入。

（6）BYK-353、BYK-354、BYK-355、BYK-356、BYK-357、BYK-358N、BYK-359、BYK-361N、BYK-390 溶剂型涂料和粉末涂料用的丙烯酸酯流平剂

供应厂商：德国毕克化学公司（BYK）

组分：BYK-353、BYK-356　聚丙烯酸酯

　　　BYK-354、BYK-355　聚丙烯酸酯溶液

　　　BYK-359、BYK-361N　聚丙烯酸酯共聚物

　　　BYK-357、BYK-358N　聚丙烯酸酯共聚物溶液

　　　BYK-390　聚甲基丙烯酸酯溶液

性能与用途：

商品名	密度/g·cm^{-3}	不挥发份/%	溶剂
BYK-353	1.04	＞99	—
BYK-354	0.95	51	烷基苯/二异丁基甲酮＝9/1
BYK-355	1.01	52	丙二醇甲醚醋酸酯
BYK-356	1.04	≥98	—
BYK-357	0.99	52	丙二醇甲醚醋酸酯
BYK-358N	0.95	52	烷基苯
BYK-359	1.01	＞99	—
BYK-361N	1.03	≥98	—
BYK-390	0.90	50	二甲苯

这些助剂能改进流平性和光泽，并能防止缩孔，不影响重涂性和层间附着力，表面张力仅稍微降低，具有热稳定性。

用于溶剂型涂料的品种如下：

BYK-353 对许多涂料基料呈现宽广的混溶性。它改进了流平又提供脱泡和消泡性。

BYK-354 具有流平性和脱泡性。

BYK-355 主要用于工业产品涂料、汽车原厂漆（OEM）和汽车修补漆及卷材涂料作流平剂。

BYK-357 适用于工业产品涂料和卷材涂料的流平和防缩孔，也可用于消泡和脱泡。

BYK-358N 适用于工业产品的高级色漆和清漆。对大多数基料混溶性优良，故对清漆不浑浊，对色漆不引起雾影。

BYK-390 能提高烘漆体系的防爆泡性，增高沸点，并能脱泡。

粉末涂料用的品种如下（也适用于溶剂型涂料）：

BYK-356（即 BYK-355 的无溶剂品）；BYK-359（即 BYK-357 的无溶剂品）；BYK-361N（即 BYK-358N 的无溶剂品种）。

用法用量：

商品名	用量（按配方总量计）/%
BYK-353	0.1～0.5,在例外场合可加到 1.0
BYK-354、BYK-357	0.1～1.5
BYK-355、BYK-358N	0.1～1.0
BYK-356、BYK-359	0.05～0.7
BYK-361N	0.05～0.5
BYK-390	0.03～0.3

BYK-354 应添加入研磨料中,其余各助剂可以在生产过程中任何阶段添加。BYK-390 使用前应先用芳烃溶剂稀释。

(7) BYK-UV 3500、BYK-UV 3510、BYK-UV 3530 辐射固化体系用的流平助剂

供应厂商:德国毕克化学公司(BYK)

组分:BYK-UV 3500 聚醚改性含丙烯酸类官能团的聚二甲基硅氧烷

BYK-UV 3510 聚醚改性聚二甲基硅氧烷

BYK-UV 3530 聚醚改性含丙烯酸类官能团的聚二甲基硅氧烷

性能与用途：

商品名	密度/g·cm^{-3}	不挥发份/%
BYK-UV 3500	1.04	≥97
BYK-UV 3510	1.03	≥97
BYK-UV 3530	1.09	≥97

BYK-UV 3500 因有丙烯酸官能团与聚合物交联成网状结构,可永久性地固定在涂膜表面。在水性 UV 涂料、非水辐射固化系统中,能提供优良的表面滑爽性和胶粘带剥离性,并能改进流平性,这些性能能保持长久。

BYK-UV 3510 因其高度的界面活性而定向于涂膜表面。在非水体系中,它能改进对底材的润湿性、胶粘带剥离性和流平性及表面滑爽性。

BYK-UV 3530 是有机硅表面活性剂。在水性 UV 涂料中定向于涂膜和底材间的界面。它的丙烯酸官能基与聚合物交联成网状结构,而被永久性固定在涂膜表面,这样就防止了有机硅表面活性剂的迁移。它能强烈降低表面张力而改进对底材的润湿性。在非水辐射固化体系中,它定向于涂膜表面并永久性地交联在那里,能提高流平性。不影响体系的表面张力、泡沫稳定性或透明度。

用法用量：

商品名	BYK-UV 3500	BYK-UV 3510	BYK-UV 3530
用量（按配方总量计）/%	0.05～2.0	0.2～0.6	0.05～1.0

可在生产过程中任何阶段加入。

（8）BYK-352 丙烯酸酯流平助剂

供应厂商：德国毕克化学公司（BYK）

组分：聚丙烯酸酯溶液

性能及用途：

商品名	密度/g·cm⁻³	不挥发份/%	溶剂
BYK-352	1.02	81	丙二醇甲醚

本品能改进流平性，并有脱气性，可作为防缩孔助剂，与许多涂料体系有很广的相容性。它是 BYK-353 的 80%溶液，适用于溶剂型涂料。

用法用量：

按配方总量的 0.2%～0.5%添加。可在生产过程的任何阶段添加，甚至可后添加。

（9）BYK-332 中等程度降低表面张力的有机硅流平助剂

供应厂商：德国毕克化学公司（BYK）

组分：聚醚改性的聚二甲基硅氧烷

性能及用途：

商品名	密度/g·cm⁻³	不挥发份/%
BYK-332	1.03	≥97

BYK-332 的性能与 BYK-331 接近。可加入异氰酸酯固化剂中，并能降低涂料体系对漆雾和灰尘的敏感性。适用于溶剂型和无溶剂型涂料。

用法用量：

按配方总量的 0.025%～0.2%。可在生产过程中任何阶段加入，也可后添加。

（10）BYK-392 溶剂型涂料用防爆泡和流平助剂

供应厂商：德国毕克化学公司（BYK）

组分：丙烯酸酯共聚物溶液

性能及用途：

商品名	密度/g·cm⁻³	不挥发份/%	溶剂
BYK-392	0.97	50	丙二醇甲醚醋酸酯

本品在烤漆体系中作为防爆泡助剂，由于它的非极性结构，也能起到消泡和脱泡剂作用，能提高流平和光泽，仅轻微降低表面张力。适用于溶剂型涂料，特别适用于无气/含气喷涂体系。

用法用量：

按配方总量的 0.1%～1.0%添加。可在生产过程中任何阶段添加，也可后添加。

（11）BYK-Silelean 3700 提高涂膜清洗性的流平助剂

供应厂商：德国毕克化学公司（BYK）

组分:有机硅改性聚丙烯酸酯(含羟基)溶液

性能及用途:

商品名	密度/g·cm^{-3}	不挥发份/%	溶剂
BYK – Silelean 3700	0.99	25	丙二醇甲醚醋酸酯

本品具有促进涂膜流平作用,适用于溶剂型涂料和含羟基的面漆。

用法用量:

按配方总量的 3%～6% 添加。可在生产过程的最后阶段在高剪切力下添加。

(12) BYK – UV 3570 辐射固化体系用的流平助剂

供应厂商:德国毕克化学公司(BYK)

组分:聚酯改性含丙烯酸类官能基的聚二甲基硅氧烷的丙氧基–2–新戊二醇二丙烯酸酯溶液

性能及用途:

商品名	密度/g·cm^{-3}	活性成分的碘值/(g/100 g)
BYK – UV 3570	1.07	26

本品具有促进涂膜流平作用,适用于无溶剂型紫外光固化和电子束固化涂料、溶剂型紫外光固化涂料。

用法用量:

按配方总量的 0.1%～3.0% 添加。可在生产过程的任何阶段加入。

(13) BYK – 337 强烈降低表面张力的有机硅流平助剂

供应厂商:德国毕克化学公司(BYK)

组分:聚醚改性聚二甲基硅氧烷溶液

性能及用途:

商品名	密度/g·cm^{-3}	不挥发份/%	溶剂
BYK – 337	0.96	15	二丙二醇单甲醚

本品能强烈降低涂料体系的表面张力,大大增进底材润湿性而无缩孔,另外还可提高表面滑爽性和光泽。能润湿难以润湿的底材,是高效的有机硅助剂。具有优良的相容性,对清漆的透明性无影响。还可改进防粘连性。适用于溶剂型涂料和水性涂料。

用法用量:

按配方总量的 0.1%～1.0% 添加。可在生产过程的任何阶段加入,也可后加入。

(14) EFKA – 3030、EFKA – 3033、EFKA – 3034、EFKA – 3035 水油通用增滑流平剂

供应厂商:荷兰埃夫卡助剂公司(EFKA)

组分:EFKA – 3034　氟碳改性有机硅氧烷,其余 3 个助剂皆为有机改性硅氧烷。

性能及用途:

商品名	有效成分/%	溶剂
EFKA - 3030	52	异丁醇
EFKA - 3033	15	乙酸丁酯
EFKA - 3034	52	乙酸甲氧基丙醇
EFKA - 3035	52	乙酸甲氧基丙醇

以上各助剂具有改进流平、提高耐划伤性、防止浮色及抗粘连的作用。可以用于水性和溶剂型涂料。

EFKA - 3030 和大部分涂料系统相容,不会出现因添加稍过量而引起的缩孔。

EFKA - 3033 有广泛的相容性,适合各种树脂而且可以用于清漆。

EFKA - 3034 改进底材润湿,降低界面张力效果明显,因此可以防止由于底材不太清洁或有不相容物质而引起的缩孔。

EFKA - 3035 特别适用于聚氨酯及不饱和聚酯木器漆,不影响淋涂施工并有好的耐水解性。

用法用量:

商品名	用量(按配方总量计)/%	用法
BYK - 3030	0.1~0.3	可在涂料加工的任何阶段加入。
BYK - 3033	0.1~1.0	
BYK - 3034	0.05~0.2	
BYK - 3035	0.1~0.5	

(15) EFKA - 3031、EFKA - 3232、EFKA - 3236、EFKA - 3239、EFKA - 3299 增滑流平剂

供应厂商:荷兰埃夫卡助剂公司(EFKA)

组分:EFKA - 3299 有机硅氧烷,其余皆为有机改性硅氧烷。

性能及用途:

商品名	有效成分/%	溶剂
EFKA - 3031	52	烷基苯
EFKA - 3232	100	—
EFKA - 3236	100	—
EFKA - 3239	100	—
EFKA - 3299	100	—

以上各助剂均能有效地促进涂膜的流平、增滑并改善抗划伤性能。

EFKA - 3031 用于光固化不饱和聚酯木器涂料,不影响淋涂的稳定性,并可作为丙烯酸、聚氨酯系统的抗粘连剂。

EFKA-3232 适用于聚氨酯、酸固化和硝基漆。由于其与树脂的相容性好,可以用于清漆。

EFKA-3236、EFKA-3239 能溶于脂肪族、芳香族、酯类、酮类溶剂,但不溶于水。其不光具有流平作用还兼具有消泡功能。推荐用于醇酸涂料、丙烯酸涂料、聚酯烘烤涂料、酸固化或聚氨酯木器涂料、自流平环氧地坪涂料、光固化纸张涂料和气干型醇酸系统。EFKA-3239 还能增加消光粉的消光性能,因此可以降低消光粉的使用量 30%~40%。其还有助于消光粉的排列从而获得视觉效果更佳的涂膜。

EFKA-3299 是很有效的流平剂和增滑剂。其相容性好,可以用于清漆,推荐用于木器漆和工业漆。其也可以促进消光粉的排列。当温度低于 5 ℃时,EFKA-3299 会开始结晶,稍加温可以恢复清澈的外观,而且不影响其性能和功效。

用法用量:

商品名	用量(按配方总量计)/%	用法
EFKA-3031	0.1~0.3	可在涂料加工的任何阶段加入并充分分散均匀。
EFKA-3232	0.1~0.2	
EFKA-3236	0.04~0.4	可以用 200 号溶剂汽油或芳香烃溶剂稀释至 10%再使用。
EFKA-3239	0.05~0.5	
EFKA-3299	0.05~0.3	可在涂料加工的任何阶段加入并充分分散均匀。

(16) EFKA-S030、EFKA-S090 增滑流平剂

供应厂商:荷兰埃夫卡助剂公司(EFKA)

组分:EFKA-S030　有机改性硅氧烷

　　　EFKA-S090　有机硅氧烷

性能及用途:

商品名	有效成分/%	溶剂
EFKA-S030	25	二甲苯
EFKA-S090	15	乙酸丁酯

以上两助剂是专为木器漆开发的流平剂和增滑剂。EFKA-S030 在聚氨酯涂料中有很低的稳泡性,适用于刷涂和辊涂,还具有很好的防缩孔功能。EFKA-S090 适用于醇酸和丙烯酸体系,还具有促进消光粉排列的功能。

用法用量:

商品名	用量(按配方总量计)/%	用法
EFKA-S030	0.1~0.6	于调漆阶段加入并充分分散均匀。
EFKA-S090	0.1~1.0	可在涂料加工的任何阶段加入并充分分散均匀。

(17) EFKA - 3832、EFKA - 3883 增滑流平剂

供应厂商:荷兰埃夫卡助剂公司(EFKA)

组分:EFKA - 3832　含(封闭型异氰酸酯基团)的硅氧烷的加成物

　　　EFKA - 3883　含不饱和末端基团的有机改性硅氧烷

性能及用途:

商品名	有效成分/%	溶剂
EFKA - 3832	50	正丁醇/乙酸甲氧基丙酯
EFKA - 3883	70	丁醇/乙酸丁酯

EFKA - 3832 内含封闭型异氰酸酯基团,可以于 110 ℃以上释出。与羧基或羟基交联后获得永久性增滑、流平及抗粘连性。推荐用于烘烤型汽车漆及汽车修补漆。

EFKA - 3883 可以通过光敏剂或过氧化物与涂料系统及油墨系统交联,从而获得永久性的增滑及表面平滑性,同时具有抗粘连性及底材润湿效果。推荐用于不饱和聚酯及低聚物系统。

用法用量:

商品名	用量(按配方总量计)/%	用法
EFKA - 3832	0.5~1.0	可于涂料制造的任何阶段加入。
EFKA - 3883	0.2~1.0	于调漆时加入并分散均匀。

(18) EFKA - 3886、EFKA - 3888 增滑流平剂

供应厂商:荷兰埃夫卡助剂公司(EFKA)

组分:EFKA - 3886　异氰酸酯改性硅氧烷

　　　EFKA - 3888　聚异氰酸酯改性硅氧烷

性能及用途:

商品名	有效成分/%	溶剂
EFKA - 3886	51	乙酸丁酯/乙酸甲氧基丙酯
EFKA - 3888	45	乙酸丁酯

以上两助剂可以以羟基或羧基交联获得永久的增滑、表面平滑及抗划伤性,并兼具有防止缩孔及贝纳德旋涡效果。EFKA - 3886 推荐用于双组分及湿固化型聚氨酯涂料,其还具有帮助消光粉定向的作用。EFKA - 3888 推荐用于金属涂料、汽车漆及汽车修补漆。

用法用量:

商品名	用量(按配方总量计)/%	用法
EFKA - 3886	2~3	加入固化剂组分。
EFKA - 3888	1~2	

(19) EFKA - 3277、EFKA - 3772、EFKA - 3777 流平剂

供应厂商:荷兰埃夫卡助剂公司(EFKA)

组分:氟碳改性聚丙烯酸酯

性能及用途:

商品名	有效成分/%	溶剂
EFKA - 3277	100	—
EFKA - 3772	60	仲丁醇
EFKA - 3777	70	二甲苯

以上助剂具有促进流平,改善底材润湿性,防止橘皮、缩孔及消泡作用。该类助剂不影响层间附着力。

EFKA - 3277 是不含溶剂的 EFKA - 3777,适用于无溶剂涂料。二者皆可用于烘烤型醇酸、丙烯酸、聚酯涂料、双组分环氧和工业涂料。EFKA - 3777 还可以用于汽车漆及汽车修补漆。

EFKA - 3772 适用于溶剂型汽车涂料、汽车修补漆、工业涂料。当 EFKA - 3772 用氨水或 TEA(三乙醇胺)中和后可以用于水性涂料。如欲完全溶解可加 9% 的 TEA 或 12% 的氨水(25% 浓度)。可以用于水性气干型或烘烤型涂料。

用法用量:

商品名	用量(按配方总量计)/%	用法
EFKA - 3277	0.5~2.0	
EFKA - 3772	0.5~2.0	于调漆时加入并分散均匀。
EFKA - 3777	0.5~2.0	

(20) EFKA - 3600、EFKA - 3650 氟碳流平剂

供应厂商:荷兰埃夫卡助剂公司(EFKA)

组分:氟碳聚合物

性能及用途:

商品名	有效成分/%	溶剂
EFKA - 3600	100	—
EFKA - 3650	52	乙酸甲氧基丙酯

以上助剂可以有效降低有机涂料体系的表面张力,促进流动和流平,同时可以有效防止缩孔的产生。它无传统氟碳流平剂的缺点——不亲水、不稳泡、无层间附着力的问题。由于其有良好的混溶性,可以在所有溶剂型涂料中使用。EFKA - 3650 是 52% 的 EFKA - 3600,其黏度较低,应用更方便。

用法用量：

商品名	用量（按配方总量计）/%	用法
EFKA - 3600	0.05～0.5	可在生产过程的任何阶段加入并分散均匀。
EFKA - 3650	0.5～2.0	

（21）EFKA - 3778、EFKA - S 022 氟碳流平剂

供应厂商：荷兰埃夫卡助剂公司（EFKA）

组分：EFKA - 3778 丙烯酸聚合物

EFKA - S 022 丙烯酸共聚物

性能及用途：

商品名	有效成分/%	溶剂
EFKA - 3778	70	烷基苯
EFKA - S 022	50	100 号溶剂油

以上两种助剂具有促进流平、防止缩孔的功能。EFKA - 3778 适合用于卷钢涂料、聚氨酯涂料、各类烘漆、环氧涂料和气干醇酸涂料。由于其不影响层间附着力，也可以用于底漆。

EFKA - S 022 可以使用在各类烘漆、聚氨酯体系、环氧体系，在不饱和聚酯体系中其还具有消泡功能。

用法用量：

商品名	用量（按配方总量计）/%	用法
EFKA - 3778	0.5～2.0	于调漆阶段加入并分散均匀。
EFKA - S 022	0.5～1.5	

第 5 章　附着力促进剂

5.1　概述

涂膜于底材上不论是起到何种作用,先决条件必须要能附着,而且必须寻求附着最大化,因为一般的漆膜表面都仍存有很多微孔,如没有达到附着最大化,环境中的水、盐类等各种小分子都可以穿透这些小微孔,使金属发生腐蚀、附着变差甚至漆膜剥落。为了让漆膜附着最大化,可以采取机械方法或化学方法。机械方法的作用在于净化底材及使底材表面粗糙化、增大表面积,进而增大附着强度,典型的方法如喷砂处理。化学方法则以酸来处理金属底材,使金属表面粗糙化或惰性化,以提高附着强度或防止腐蚀、漆膜剥落。

随着涂装底材的多样化,从木材、铁、建筑外墙等,到各种非铁金属、塑料、皮革、纸张、玻璃钢等底材,又或因为处理成本过高或对环境保护不利,以机械方法或化学方法已无法应用于某些底材。借助添加附着力促进剂以增强附着力是一种既经济又简易的方法。根据 W. A. Zisman 所述,只有当涂料的表面能低于或等于底材的临界表面张力时才能有效地形成附着,或者可以说附着力是可以通过增加附着的有效接触面积和增强界面间的结合力来实现的。因而从广义上讲,所有能增加底材和漆膜物理性接触、增强底材润湿、去除油脂、降低液膜的表面张力及形成化学键的助剂都能被称为附着力促进剂,这也意味着从改性的树脂基料、增塑剂、润湿剂、表面活性剂甚至到溶剂,均与附着有密切的关联。

将借助极性、静电、扩散、动力学及形成各种化学键等来增强涂膜与底材结合力的助剂定义为附着力促进剂更为恰当。其发生在底材与涂膜间的附着的作用力包括了物理型的偶极力、扩散力及氢键,也包括作用力更强的化学键,如共价键及离子键等。市面上主要的附着力促进剂种类如下:

(1) 硅烷偶联剂

硅烷是一种有机硅化合物单体,化学通式为:$R—SiX_3$,其中 R 为不易水解的有机官能基,如:氨基、双氨基、甲基丙烯酸酯基、苯乙烯/氨基阳离子基、环氧基、乙烯基、氯化烷基等,X 为可水解的有机官能基,一般为甲氧基,涂布施工后在涂料中添加硅烷偶联剂,硅烷向底材的界面迁移,遇到无机表面的水分可水解生成硅醇基,进而和底材表面上的羟基形成氢键或缩合成 Si—O—M(M 代表金属、玻璃等无机表面)共价键;而硅烷上的 R 有机官能基团则与涂料树脂或固化剂进行反应、键合或形成纠结缠绕,从而达到增进附着的作用,同时,硅烷各分子间的硅醇基也会与涂膜相互缩合形成网状结构。

由于硅烷偶联剂需完成上述的三个过程,才能达到促进附着以及硅烷偶联剂所带来

的增进涂膜耐水、耐湿气与耐盐雾性,因此,硅烷偶联剂的选择必须遵循下列几点原则:

① 树脂/固化剂具有反应基团可与硅烷上的 R 有机官能基团反应,对于热塑性树脂基料则应选择属性、极性相似的硅烷,使树脂基料与硅烷的有机官能基容易纠结缠绕。

② 硅烷的有机官能基与树脂或固化剂的反应速率必须与涂料中树脂/固化剂的反应相当。

③ 硅烷偶联剂作为添加剂时均需保持其稳定性及足够的迁移力,可在微酸性的环境中保持水解稳定性。

硅烷偶联剂的使用效果还与硅烷偶联剂的种类及用量、基材树脂或聚合物的性质以及应用的场合、方法及条件等有关,各厂家对其产品均有相应的介绍,在此不再赘述。

(2) 钛酸酯、锆酸酯

钛酸酯/锆酸酯的化学通式与硅烷水解后的硅醇结构相似:R—MXn。其中,M 为钛或锆;R 可为异丙基正丁基或其他各种有机链段的组合。分子中的有机链段能与金属等无机底材表面的吸附水经水解而形成化学键;同时也能与涂料中树脂基料产生化学反应而结合,或经缠绕而物理结合,借此发挥附着促进剂的作用。它除了能与金属、无机表面形成氢键或共价键达到增进附着的作用外,其钛、锆的金属反应促进性,亦能作为催化剂应用于酯化、交换酯化、聚合及加成反应。另外,钛酸酯和锆酸酯的反应性高,可以与烃基、羧基形成稳定的键结,因此,还可作为工业涂料、漆包线漆、印刷油墨及乳胶漆的交联剂。

虽然钛酸酯/锆酸酯有这些特点优势,但是由于它们存在对水敏感的问题,因此一般只推荐于非极性的溶剂型体系。

(3) 磷酸酯化合物

磷酸酯化合物的结构上含有各种有机的取代基团,以及可与金属、无机底材产生酸碱反应的磷酸根,其中有机基团可以是烷基、脂肪基及芳香烃,也可为带烃基、带羧酸基的有机链段,借助这些有机基团的不同而适用于不同的溶剂型或水性体系。

由于磷酸根的活性高,当金属底材表面有轻微的生锈、剥落及起泡等缺陷时,可借助磷酸根与金属表面的化学反应形成一个屏障,同时达到增进附着的目的,但其对于涂料的包装容器以及涂料配方中其他成分的影响也较大,例如:对碱性颜料、一般的铝粉可能造成聚结等副作用。另外,对于活性磷酸会造成的反应促进性,以及会参与反应的涂料体系,如氨基烘漆、双组分聚氨酯,也都必须考虑可能造成的副作用并采取相应的调整。

(4) 氯化聚烯烃

塑料的种类很多,包括:聚乙烯、聚丙烯、热塑性聚烯烃、ABS、尼龙及 PVC 等,每一种的塑料都有其独特的附着需求要点,其中聚丙烯、热塑性聚烯烃(如:PP/EPDM)更是由于其价廉、质轻、强度大、坚韧等特点而广泛应用于汽车工业、玩具、家用电器等部件上。但由于聚丙烯底材的表面聚合结晶性高且表面能低,与一般的涂料无法直接附着,长期以来均借助氯化聚烯烃作为这些材质的附着力促进剂。其作用机理主要是由极性、结构相似的氯化聚烯烃,通过润湿、渗透、扩散及布朗运动将氯化聚烯烃聚合物链状分子与底材的接触接口形成互溶,使得接口消失,如果一般的涂装干燥条件无法获得理想的效果,可以提高烘烤温度至氯化聚烯烃的玻璃化温度之上,则可提升渗透、扩散程度,进而提高附着增进效果。

氯化聚烯烃(CPO)附着力促进剂的主链为聚丙烯或聚丙烯共聚物,由氯改性来改善溶解性,由酸官能基团改性来改善与树脂体系的兼容性、溶解性、耐湿性、层间附着性、耐汽油性和耐汽油酒精性。一般改性程度较低者价格低,主要应用于聚丙烯和热塑性聚烯烃的层板、薄膜以及油墨的附着增进,或者作为涂料用附着增进打底底漆,而根据不同改性基团与改性程度的氯化聚烯烃的选择,可满足客户对兼容性、溶解性、耐湿性、层间附着性、耐汽油性和耐汽油酒精性等组合要求。

(5) 高分子附着力促进剂

此类产品通常具有烃基、羧基、醚基、酯基、环氧基、烯烃等基团,加上各生产厂家特殊设计的结构,所供应品种繁多,主要有:

金属底材的附着力促进剂　尤其是对非铁金属底材,如:铝、铝合金、锌、不锈钢、电镀面等,如德谦公司的 ADP 为高分子型附着力促进剂,涂装后因离子电位的吸附,较快地迁移到底材表面并于高温烘烤时与金属底材形成化学键合,同时也与一般氨基烘漆体系交联反应,达到附着促进的作用。

无氯的聚烯烃附着力促进剂　随着环境法规的要求,对于氯化聚烯烃附着力促进剂的无氯化要求也日渐迫切,而厂家们也开发出不含氯的聚烯烃附着力促进剂。由于已经不属于氯化聚烯烃类,因此,也将其归类于高分子型附着力促进剂的一种。

特殊作用附着力促进剂　如固铝粉助剂,如德谦公司的 APW,此高分子化学结构上带有活性氢基团,加上其分子的结构能与铝粉、铜粉表面产生化学键合,因而能对铝粉、铜粉形成保护,并防止铝粉、铜粉的掉落,也属于另一类高分子型附着促进剂。

附着力促进剂的基本要求与作用机理错综复杂,而附着力促进剂的产品种类繁多,有时并非单一的物理或化学结构发挥作用,有时也很难有绝对的机理能顺利地推导、选择出合适的附着力促进剂。尤其是涂料对底材的附着,除了与底材、涂料及附着力促进剂有关之外,还与底材的表面处理、涂料的配方、涂装应用状况、环境状况以及测试方法等都有关联,配方设计者与附着力促进剂供应厂商的充分沟通,将有助于解决涂料的附着问题。

5.2　典型的附着力促进剂

(1) 硅烷偶联剂型附着力促进剂

扬州立达树脂有限公司的 LD-3127 附着力促进剂(含硅有机化合物)能改善漆膜对难附着的非铁金属表面如铝、锌、不锈钢等及玻璃、部分塑料等非金属表面的附着能力。适用于溶剂型涂料体系。

辽宁盖州化工厂的 KH-550、560、570(硅烷偶联剂)适用于溶剂型涂料。由于具有偶联架桥作用,可以提高涂料的物理力学性能、黏合能力、耐水抗潮能力等。

辽宁盖州化工厂的 G-402、403、407、439(硅烷偶联剂)适用于溶剂型涂料、黏合剂、油墨等。具有提高材料的机械强度、黏合能力、耐水性、抗潮性等。

上海德亿化工有限公司的 DE-1921、1921S、1930 附着力促进剂(有机硅)为改性多功能有机硅助剂,具有强附着性,可以增进涂料对玻璃及金属底材的附着力,适用于溶剂型涂料、黏合剂、弹性体、填缝剂、油墨等。可提高长时间的优良附着性,提高涂膜的防蚀性、耐水性、抗盐性,与环氧、醇酸、聚氨酯、丙烯酸和有机硅体系的相容性良好。可以用于玻璃、铝、铜、钢等无机底材,也适用于 UV 光固化体系。

上海锦山化工有限公司的 JS-D758 硅烷偶联剂(有机硅烷)可以将金属基材与涂料进行偶联,提高它们之间的结合力,从而改善涂料对基材的附着力,及重涂附着力,并有效提高涂膜的耐水性及耐化学腐蚀性。与各种涂料体系混溶性好,适用于各类溶剂型涂料。常用于防腐涂料以提高防腐蚀性能,用于黏结剂以提高黏结能力。

浙江临安福盛涂料助剂有限公司的 627 附着力促进剂(特殊改性多官能团有机硅偶联剂)适用于硝基、醇酸、环氧、丙烯酸、聚氨酯、氨基等涂料,提高涂膜对底材(如铜、铝合金、玻璃、混凝土、陶瓷等)的附着力,并对许多无机颜、填料有润湿作用,提高分散性。

德谦企业股份有限公司的 1121、1031、1032、1041、1042、1051 附着力促进剂(硅烷偶联剂)。其中 1121 是一种强附着性、多功能的硅烷偶联剂,能增进涂料对玻璃及金属底材(如铝、铜、钢、锌等)、硅砂、云母等的附着力,增强涂膜的抗潮湿、耐热和耐盐雾性能。适用于各种涂料体系,如环氧、酚醛、三聚氰胺、丙烯酸、聚氯乙烯、聚氨酯、有机硅树脂。1031、1032 适用于各种溶剂型涂料、水性涂料,特别适用于环氧树脂体系,具有促进涂膜与底材之间的附着力,促进颜料分散,防止浮色发花的作用。1041、1042、1051 具有促进漆膜与底材之间的附着力,兼具促进颜料分散、防止浮色发花的作用。适用于溶剂型、水性、无溶剂型、粉末涂料及辐射固化涂料体系。

台湾幼东企业的 OP-8390/A、OP-8390/B、D-21 银粉、珍珠粉剥落防止剂(含多功能基的硅偶联剂)对无机颜、填料及铜、铝、玻璃、陶瓷等基材都有良好的润湿作用,同时由于助剂的偶联架桥作用,提高了颜、填料与高分子树脂间的内部结合力,及涂膜对基材的附着力。

台湾幼东企业的 OP-8390/SG、TC 底材附着力促进剂(有机改性硅烷)可以促进溶剂型、无溶剂型涂料对无机底材如玻璃、陶瓷、铝、铜等的附着力,促进涂料体系黏度稳定,改善耐水解性能、耐黄变性能。适用于各种溶剂型气干、双组分冷固化涂料及烘烤型涂料。

美国康普顿公司的 A-1100、1120、187、189 附着力促进剂(氨基、双氨基、环氧基等硅烷化合物)可以有效增进涂膜与基材的附着力,适用于各类溶剂型涂料体系。

道康宁公司的 DOW CORNING-21 溶剂型体系附着力促进剂(胺/甲氧基改性有机硅)能改善溶剂型体系的黏结性以提高附着力,并能改善颜料的表面处理。可用醇类/水进行稀释。适用于丙烯酸、醇酸、环氧、聚酯等树脂体系。

美国通用电气公司的 Silquest A-172 硅烷偶联剂可提高印刷油墨、胶浆和涂料在玻璃、陶瓷或者金属等表面的黏结力,具有比陶瓷熔化工艺更低成本的优点。还可以用它与乳液或涂料聚合物中的单体共聚的方法,或用它与含有活性基团或不饱和聚合物接枝的方法生产室温交联的水性和溶剂型涂料如丙烯酸乳胶漆。A-174 NT 硅烷偶联剂可与醋酸乙烯和丙烯酸酯或甲基丙烯酸酯单体共聚而合成可室温交联固化的硅烷基化聚合物,用于涂料、胶粘剂和密封胶,可提供优异的黏结力和耐久性。YC-1000、YC-1018 改性硅烷偶联剂,它们的硅烷基部分可以与无机底材形成牢固的化学键,其氨基官能团可以与聚丙烯酸酯、聚酯、环氧、酚醛以及聚氨酯等高分子材料中的相关基团反应,从而起到提高有机高分子材料与无机底材之间的黏结强度和附着力的作用,适用于丙烯酸酯、聚酯、环氧树脂、聚氨酯等涂料中,提高涂料对大多数金属、塑料、水泥底材的附着力,适用于烤漆、卷钢漆、防腐漆等。

（2）钛酸酯、锆酸酯型附着力促进剂

常州市亚邦亚宇助剂有限公司的 YB－201D 溶剂型涂料用附着力促进剂(以钛酸酯偶联剂为主,辅以多种添加剂)能增加涂料对多种基材如金属、玻璃、塑料及无机材料的黏结性,提高漆膜的高抗冲击强度,增加漆膜柔软性,适用于各种类型的溶剂型涂料体系。

常州市亚邦亚宇助剂有限公司的 401A 附着力促进剂(以钛酸酯偶联剂为主,辅以多种添加剂)为水溶性产品,适用于水性涂料、水性油墨体系,能改进水性涂料、水性油墨对各种基材的黏结性。应用于水性内外墙涂料中,能增加水性涂料对墙面的结合力、防水能力;同时能提高水性涂料、油墨的多种物理性能、鲜艳度、耐磨性等。

江苏省仪征市天扬化工厂的 TM－3、S、7、27、P 附着力改进剂(改进型钛酸酯偶联剂)适用于醇酸类、氨基类、丙烯酸类涂料,由于可提高涂料中的颜、填料活性,进而提高颜、填料与树脂的相容性,使其增强了附着力。

常州市吉耐助剂有限公司的 JN－AT 钛酸酯偶联剂(醇胺二亚乙基钛酸酯)是醇胺螯合型钛酸酯,具有很好的水溶性。由于无公害,近年来发展很快。可以提高水性涂料与基材的附着力,改善颜、填料的分散性,避免贮存沉淀。它还可作为乳胶漆的触变剂。主要在含有纤维素醚或聚乙烯醇缩醛胶的醋酸乙烯类、丙烯酸类、苯乙烯、丁二烯等的均聚物或共聚物乳液中使用,除了可使涂料施工不流挂外,还可提高漆膜的鲜艳度、耐磨性和耐洗涤性。还可以作为羟基树脂的交联剂、水性醇酸树脂漆的催干剂。

（3）磷酸酯型附着力促进剂

扬州立达树脂有限公司的 LD－3147 涂料分散偶联剂[二(焦磷酸二烷氧基酯)－2－羧基丙酸钛]为螯合型钛酸酯偶联剂,在各种溶剂型涂料、油墨中应用,可促进颜填料的润湿、分散。提高涂料的附着力、防止颜料沉淀并可增加颜料的着色力及漆膜的鲜艳度,适用于各类溶剂型体系的分散。

仪征天扬化工厂的 TM－73 附着力改进剂(改进型焦磷酸酯氧基钛)是涂料、油墨的附着力增强剂,可以提高涂料、油墨与玻璃、纸张、木材及金属的黏结力。

仪征天扬化工厂的 TM－27D 附着力改进剂(改进型多元聚氧磷酸辛酯)可以提高涂料及油墨与塑料的黏结力,在 PVC 上使用效果更好。

美国 Magnus 公司的 AP－2000 附着力促进剂(磷酸酯)可以改善涂膜在金属底材上的附着力。对铝、铝合金、电镀层、锌、不锈钢等难附着的表面有显著的效果。适用于溶剂型涂料,特别适用于卷钢涂料。

比利时 UCB 公司的 Additol XL 180 附着力促进剂(特殊的磷酸酯)可提高涂膜与基材的附着力和层间附着力,适用于电泳漆、气干型面漆。

（4）氯化聚烯烃型附着力促进剂

德谦企业股份有限公司的 PPB、B－13 MLJ、CY－9122P、CY－9124P、DX－526P 聚丙烯底材附着力促进剂(氯化聚烯烃)可作为底漆涂装于聚丙烯底材或添加于树脂中,可解决涂料在未处理 PP 或 PP/EPDM 塑料底材上附着不良的问题,可增进涂料的耐水性、耐汽油性及耐热性。PPB、B-13 MLJ、CY-9122P、CY-9124P可直接作为底漆使用,也可添加到其他涂料中用作附着力促进剂;DX-526P主要用作附着力促进剂,具有优异的相容性和低温贮存性。

美国KEPER公司的951 PP附着力促进剂(氯化PP改性丙烯酸树脂)对于PP或PP/EPDM底材有优异的增进附着效果,无须应用三氯乙烷等有毒溶剂预处理,广泛应用于PP底材作为预涂底漆,增进上层涂料对底材的附着性。与丙烯酸、聚氨酯等涂料有优异的相容性,且可与上述树脂产生优异的附着性。

美国KEPER公司的956 PP密着剂(改性氯化PP高分子聚合物)对一般较复杂的未经处理的PP或PP/EPDM有优异的附着增进效果,广泛应用于PP底材作为附着底涂,增进上层涂料对PP底材的附着力。

美国KEPER公司的957 PP密着剂(氨改性氯化聚合物)是一种氨改性的氯化聚合物,用于PP材料的表面处理,具有宽广的适用性,对一些特殊的、难附着的PP底材具有很好的附着性,可作为底漆添加于面漆中使用,适用于聚丙烯塑料底漆。

美国嘉智公司的XOANONS™ WE-D360溶剂型漆用附着力促进剂(改性氯化PP)用作底漆,能提高聚乙烯、聚丙烯、聚酯、聚碳酸酯、尼龙、镀锌钢和铝等底材的附着力。

美国嘉智公司的XOANONS™ WE-D361溶剂型漆用附着力促进剂(改性氯化PP)是专用于PP底材的附着力促进剂。

美国嘉智公司的XOANONS™ WE-D362溶剂型漆用附着力促进剂(改性氯化PP)可添加于树脂中,提高聚乙烯、聚丙烯、聚酯、聚碳酸酯、尼龙、镀锌钢和铝等底材的附着力。

(5) 高分子型附着力促进剂

华夏化学的HX-6021烘烤漆密着剂(高分子聚合物溶液)可显著提高烘漆系统对非铁金属的附着力,有效解决各类烘漆对铝、铝合金、铜、锌、不锈钢、电镀表面附着力差的缺点,提高漆膜的柔韧性、耐冲击性能,具有耐高温、不黄变的特点。

华夏化学的HX-6031溶剂型防掉银助剂(线性聚酯溶液)可显著提高涂料体系对非铁金属的附着性,有效解决溶剂型自干及烘干涂料对塑料、铝、铝合金、不锈钢、电镀表面附着力差的缺点,提高漆膜对铝粉的覆盖性能,达到防掉银的目的。

华夏化学的HX-6040 PP塑料底材密着剂(高分子表面调整剂溶液)对PP塑料底材、PP/EPDM塑料底材及非铁金属表面具有极佳的附着力,可直接喷涂于底材表面或加入涂料中,增进上层涂料对底材的附着力,并改善耐水、耐溶剂性能。适用于塑胶漆及PP塑料,PP/EPDM的表面处理。

上海德亿化工有限公司的DE-1940附着力促进剂(复合型高分子聚合物)对金属表面有优良的密着效果,同时兼有分散、增艳效果。可提高研磨效率,对各类颜料的润湿、分散性都好,可以防止贮存期的颜料沉淀,可以防止涂膜出现浮色发花现象,且色泽鲜明、光亮。适用于丙烯酸、醇酸烘烤体系及环氧、氨基、酚醛、聚氨酯体系。

上海德亿化工有限公司的DE-1990烤漆附着力促进剂(特殊改性树脂)可以提高涂料对难附着的非铁金属表面如铝、铝合金、锌、不锈钢、电镀表面等的附着性。由于提高了涂料对金属表面的密着性,从而增进了涂膜的延展性和耐冲击性。本品可耐280℃以上的高温烘烤,高温急速烘烤不变色。不影响涂料的贮存性及涂膜的耐候性,适用于醇酸/

氨基树脂体系及丙烯酸/氨基树脂体系。

浙江临安福盛涂料助剂有限公司的 623、625 附着力促进剂(有机高分子聚合物)可用于硝基、醇酸、氨基、环氧酯、聚氯乙烯、丙烯酸树脂体系。能提高涂膜对底材如陶瓷、金属、铝箔、部分塑料、皮革的附着力,增进修补或重涂时涂层间附着,对硬度、耐溶剂性有所改善。

台湾佳明化学助剂有限公司的 AOP 附着促进剂(高分子表面调整剂溶液),可以增加漆膜对底材的附着力,尤其对铁、铜制品等金属表面附着力的增加效果明显。一般是将 AOP 添加到涂料或油墨当中,对涂料或油墨的黏度和性能无影响。

台湾幼东企业的 BAP－123/HF、SA 烘烤漆用底材涂层附着剂(高分子化合物)可以增进涂料对金属、铝合金、电镀表面的附着力,其酸值低、贮存稳定性好、耐候性好、腐蚀性低。适用于溶剂型醇酸、丙烯酸、聚酯等烘烤型涂料。

台湾幼东企业的 BAP－73/A、B 及 BAP－123/A、B 底材、涂层附着力促进剂(高分子化合物)可以提高涂膜对陶瓷、非铁金属、铝箔、部分塑料、皮革等表面的附着力。也可以增加修补或重涂时的层间附着力。另外还具有提高涂膜硬度、耐溶剂性,防止增塑剂渗出的功能。适用于硝基、醇酸、氨基、环氧酯、聚氯乙烯等溶剂型涂料体系。

法国 Coatex 公司的 Plusolit-WH、H、AP 烘烤附着力促进剂(饱和聚酯树脂)不含聚硅氧烷,能增强烘烤附着力,对改善烘漆在铝或铝合金表面的附着力尤为显著。可增加涂膜之间的延展弹性,高温烘烤不会变色,对烘烤的耐候性及黏度不会造成影响。Plusolit-WH 与大部分树脂相容,适用于一般树脂,特别适用于罐头涂料。Plusolit-H 适用于醇酸烘漆体系。Plusolit-AP 适用于大部分树脂如醇酸、聚酯、丙烯酸等烘烤体系。如用在氧化锌处理的钛白或部分氧化颜料如氧化铁黄、氧化铬绿等可能会使光泽度降低。

美国 KEPER 公司的 966 附着力促进剂(饱和酸改性共聚物)添加于烘漆底漆中对增进各种金属底材如铜、铝、铝合金、锌、不锈钢、电镀表面等的附着力有极优异的效果,而且能提高光泽和流平性。可增进涂膜的延展性、耐冲击性、丰满度及耐高温性(耐温达到 280 ℃)。由于结构中带有饱和酸基团,在低温和自干状态下,也能架桥反应,进而增进对底材的附着力和漆膜的柔韧性,且在热塑性丙烯酸漆中能增加抗爆裂性和流平性。适用于醇酸/氨基烘漆、丙烯酸/氨基烘漆、聚酯/氨基烘漆、热塑性丙烯酸体系。

美国 KEPER 公司的 969 附着力促进剂(不含聚硅氧烷的非离子改性共聚物)添加于烘漆底漆中对增进各种金属底材如铜、铝、铝合金、锌、不锈钢、电镀表面等的附着力有极优异的效果,而且能提高光泽和流平性。可增进涂膜的延展性、耐冲击性、丰满度及耐高温性(耐温达到 280 ℃)。适用于醇酸/氨基烘漆、丙烯酸/氨基烘漆、热塑性丙烯酸体系、水溶性烘漆体系(需用 10%～20% 的二甲基乙醇胺或同类胺中和后使用)等。

美国 KEPER 公司的 922 防掉银剂(改性的丙烯酸化合物)对铝粉有出色的吸附作用,能显著提高铝粉在漆膜中的黏结力,防止漆膜掉银粉。其酸值由饱和酸引发,因而不会破坏铝粉结构而导致铝粉发黑、返粗,不会影响体系的色泽和贮存稳定性。在丙烯酸及聚酯烤漆中,加入 Keper 922 还可以增加涂料对底材的附着力,增加光泽和流平。适用于热塑性丙烯酸、热固性丙烯酸、聚酯烤漆等。

美国 KEPER 公司的 925 防掉银、附着力促进剂(含多官能团的三维结构的低酸值长链特殊改性的聚酯树脂)在自干型涂料及油墨中,可大大提高对底材如玻璃、电镀表面、木材、塑料、尼龙、金属、非铁金属等的附着力,尤其在增进油墨和电镀光油对不同底材的附着力方面更有杰出的表现。同类型的其他附着力促进剂往往会降低漆膜的硬度,而Keper 925可自干,不仅不会降低漆膜硬度,相反会增加漆膜硬度及光泽。Keper 925含有丰富的三维结构的多官能团,能与基料及不同底材的官能团发生交联,进而提高漆膜附着力及硬度,同时对改善漆膜的层间附着力也有较大的帮助。在烤漆体系中,对增加烤漆的各种附着力有非常优异的效果,同时能增进漆膜硬度及光泽。不会影响漆膜的耐候性及涂料的贮存稳定性,耐高温可达 300 ℃。在水溶性涂料中,需用乙醇胺中和后才能使用。

美国 KEPER 公司的 926(含多官能团的低酸值长链特殊改性的聚酯树脂)、927(含多官能团的低酸值长链改性的聚酯树脂)防掉银、附着力促进剂具有十分突出的防掉银效果,且酸值较低,不会引起铝粉发黑,有非常理想的贮存稳定性。对提高涂料对玻璃、电镀底材、塑料、非铁金属、木材等的附着力有较大的帮助。适用于热塑性丙烯酸涂料、丙烯酸烤漆、NC 涂料、PU 漆、醇酸、UV 涂料及油墨。

美国嘉智公司的 XOANONS™ WE–D310、D371 溶剂型漆用附着力促进剂(特殊改性树脂)中 D310 为烤漆专用密着增进剂;D371 可有效防止铝粉漆中的铝粉脱落。

美国嘉智公司的 XOANONS™ WE–D311 溶剂型漆用附着力促进剂(特殊改性聚酯树脂)为自干漆和层间附着力专用密着增进剂。

第6章 其他高分子涂料助剂

6.1 防粘连剂

粘连是指漆膜表面对外界物质的粘接性,如发软、变形,涂装后的涂膜之间相互接触而粘接,漆膜暴露于大气中沾灰、玷污以及受压而黏合在一起等。黏连是一种漆膜病态,克服这种病态的助剂称为防粘连剂。

造成粘连的原因主要有以下两种:

(1)漆膜中含有热塑性的物质,随着温度升高其塑性增大,并随压力增大而变形。如乳胶漆、热塑性丙烯酸漆、硝基漆等,都具有压黏性与热黏性。

(2)漆膜在光、热作用下老化,部分成分降解而产生回粘现象。如溶剂型基料的氧化、分解;纤维素类增稠剂的生物降解等。

常用的防粘连剂大致分为蜡类、金属皂类、改性有机硅等三类。

(1)蜡类防粘连剂

用作防粘连剂的蜡类助剂一般为熔点高、硬度大的微粉化聚乙烯蜡、聚丙烯蜡。

在成膜过程中,蜡粒子从膜内逐步迁移至膜的表面,形成光滑的涂膜表面。硬质的蜡颗粒可通过减少涂膜表面接触而防止粘连;同时,部分硬蜡还可通过吸收油性物质和减少涂料中其他柔软性黏接剂向表面转移来达到防粘连的效果。

(2)金属皂类防粘连剂

常用的金属皂类防粘连剂主要有硬脂酸锌、铅、镁、钙、铝,其中以硬脂酸锌、硬脂酸镁最为普遍。

在成膜过程中,金属皂类防粘连剂逐步迁移,析出至涂膜表面,由于其提供了一个均匀、连续的干爽表面,从而达到防粘连的目的。

(3)改性有机硅类防粘连剂

以苯基聚醚或聚酯改性聚二甲基硅氧烷的增滑、抗划伤剂、流平剂等,它们在获得增滑、抗划伤、流平等效果的同时,漆膜的抗粘连性、硬度、耐磨性、抗玷污等性能会获得明显改善。

其中蜡类和改性有机硅防粘连剂属于高分子型助剂。典型的抗粘连剂品种包括:

上海德亿化工有限公司的 DE-2895 流平平滑剂(改性反应型聚硅氧烷)可参与树脂交联成膜反应,赋予涂膜永久的滑爽、抗刮伤、防粘连性、耐磨性;可以改善流平、光泽,防止发花;可显著提高涂膜光泽、耐候性及鲜艳性。能有效提高颜料的分散性,改善消光粉与铝粉的定向排列。其具有良好的耐温性,可用于烤漆,不会影响重涂性。适用于溶剂型、无溶剂型涂料、油墨系统,广泛用于塑料漆、汽车漆等。

上海德亿化工有限公司的 DE-8230 有机硅流平剂(改性聚硅氧烷)可促进涂膜流动、流平,防止形成贝纳德旋涡。该流平剂能够增进涂膜表面滑爽性,提高抗划伤性、耐磨损性和防粘连性,可以改善铝粉和消光粉的定向排列。一定范围内对重涂无影响,适用于溶剂型、无溶剂型涂料及油墨。

上海德亿化工有限公司的 DE-8220 有机硅流平、消泡剂(改性聚硅氧烷)具有抑泡、消泡作用,可以改善流平和光泽,防止贝纳德旋涡。增进涂膜表面滑爽性、提高耐磨损性、抗划伤性、防粘连性;可以帮助铝粉和消光粉定向;在淋涂系统中可以帮助帘幕稳定化;重涂性好。适用于各种溶剂型、无溶剂型涂料及油墨,也适用于水性涂料系统。

上海德亿化工有限公司的 DSW 1810S、1812、1820、1820S 耐磨增滑剂(改性高硬度有机硅)可提供涂料体系优异的抗划伤、耐磨、抗粘连性能,增进涂膜的流动、流平性,使涂膜表面有绸缎般的光泽与触感。可以提高产品的耐水性、耐擦洗能力,促进闪光漆中铝粉鳞片的定向排列,增进闪光效果。与各涂料体系都有非常好的相容性,透明度好,可以用于透明产品中。可重涂,稍过量也不会造成严重的副作用。适用于溶剂型涂料及油墨。

上海德亿化工有限公司的 DE-8418 蜡粉(聚四氟改性聚乙烯蜡)可以提高产品的抗刮伤、滑爽性、防粘连性、耐磨损性,适用于溶剂型涂料、油墨和粉末涂料。

德国毕克化学公司的 BYK-300、301、335 有机硅流平剂(聚醚改性聚二甲基硅氧烷溶液)能中等程度地降低涂料的表面张力,增加表面滑爽,改善流平和光泽,并能防止贝纳德旋涡的形成,同时改善对底材润湿和提供抗粘连性。BYK-300 是溶剂型涂料标准的流平助剂;BYK-301 的活性物质与 BYK-300 相同,溶剂是乙二醇丁醚,适用于水性涂料;BYK-335 的性质与 BYK-300 相似,适用于所有涂料系统做流平剂。

德国毕克化学公司的 BYK-302、331 有机硅流平剂(聚醚改性聚二甲基硅氧烷)能中等程度地降低涂料的表面张力,增加表面滑爽,改善流平和光泽,并能防止贝纳德旋涡的形成,同时改善对底材润湿和提供抗粘连性。BYK-302 是 BYK-300 的无溶剂品种,适用于要求无溶剂助剂或需用特定溶剂的体系中;BYK-331 适用于溶剂型、无溶剂及水性涂料,在双组分聚氨酯系统中,也可加到异氰酸酯固化剂中。

美国康普顿公司的 Coat Osil 3573 消泡/防粘连剂(有机硅)具有消泡效果,并可增加涂膜表面的滑爽性,有效防止涂膜相互贴合时的粘连,适用于各类溶剂型涂料。

荷兰埃夫卡助剂公司的 EFKA-6903、6906、6909(改性晶化聚乙烯)可提高涂膜的平滑感、抗粘连性、打磨性、耐划伤性及消光效果。EFKA-6903 熔点较高,可用于各种涂料和油墨系统;EFKA-6906 可以抑制颜料系统出现硬块沉淀物,适用于水性及溶剂型涂料及油墨系统;EFKA-6909 适用于罐头涂料及卷钢涂料。

6.2　防沉淀剂

6.2.1　防沉淀剂的分类

（1）低分子量阴离子或电中性羧酸盐

这类助剂对大多数无机颜填料均有润湿、分散作用,旨在利用电荷排斥作用或空间位阻作用避免颜填料附聚,但无法有效地控制高密度无机物的下沉。

（2）流变改性增稠剂

① 气相二氧化硅、膨润土等无机物　与无机物保水增稠原理类似,但效力更高。

② 聚乙烯蜡、聚酰胺蜡、氢化蓖麻油等　在溶剂型漆中,通过溶剂对其的溶胀作用提高体系黏度。

③ 纤维素醚、碱溶胀乳液、大分子量聚羧酸盐　通过与水形成氢键提高体系黏度。

④ 聚氨酯、聚醚等缔合型增稠剂　与疏水基团缔合成网,利用表面活性剂的疏水基团与水形成斥力和网状亲水链形成的氢键控制低剪切、中剪切和高剪切黏度。

6.2.2　典型的高分子型防沉淀剂

华夏助剂的 HX-302 溶剂型防沉剂(高分子蜡分散体)可直接加入体系中,提供优异的防沉效果,不降低涂膜光泽,可改善涂抹触感,对消光粉、铝粉在涂膜中的排列有优良的定向作用,可代替聚乙烯蜡粉在油墨中应用,提供滑感和抗刮伤。适用于溶剂型涂料及油墨。

扬州立达树脂有限公司的 LD-134 润湿、分散、防沉剂(含有亲颜料基团的高分子嵌段共聚物溶液)添加到涂料系统后,亲颜料基团与颜料产生物理或化学吸附,促进颜料润湿、分散,提高涂料的分散稳定性、抗流挂性。能够改善涂膜的外观质量和与基材的结合力,并具有提高涂膜阻燃性、耐腐蚀性的作用。还具有催化固化功效,适用于各种溶剂型涂料。

上海长风化工厂的 AT-60 防沉剂(聚酰胺蜡浆)具有优异的防沉、防流挂性能。适用于消光粉漆、铝粉漆及高 PVC 涂料体系及厚涂涂料的防沉、防流挂。

上海市涂料研究所的 DA-50 分散防沉多功能助剂(聚羧酸有机胺电中性盐)可以促进颜料分散、防沉、抑制浮色发花、增加涂料流动性、减少刷痕,对铁质材料具有缓释作用。适用于无机颜料、填料的分散。可用于油基漆、天然树脂漆、合成树脂漆等体系,但不宜用于潮气固化单组分聚氨酯漆及水性漆。

德谦企业股份有限公司的 923 分散、防浮色、防沉剂(电中性聚羧酸酯盐)适用于溶剂型涂料中各种有机、无机颜料的润湿分散,能缩短分散时间,使涂料具有良好的稳定性。又是膨润土良好的活化剂,增进防沉、防流挂,改善贮存稳定性。

英国奥维斯公司的 SOLTHIX 250 增稠防沉、防流挂助剂(特殊改性高分子聚合物)在溶剂型涂料体系中能有效防止流挂和沉降,不影响漆膜的透明度、光泽和流平效果。适宜清面漆防流挂,操作便利,对体系极性无特殊要求,广泛应用于汽车漆、工业漆、木器漆,适用于聚酯/氨基、丙烯酸/氨基、醇酸漆、双组分聚氨酯漆、双组分环氧漆等。

科宁公司的 TEXAPHOR 987(聚碳酸和聚胺的电中性盐)、963(聚羧酸与胺衍生物生成的电中性盐的 5%的高级芳烃溶液)、964(酸性聚酯不饱和聚酰胺的电中性盐)分散防沉剂。其中 TEXAPHOR 963、964 属于通用型分散剂,有分散、防沉、防浮色、防发花效果,也可用作膨润土活化剂,适用于大多数溶剂体系涂料(除了硝基漆和酸催化固化体系)。TEXAPHOR 987 用于中性或无极性涂料油墨的分散、防沉、防浮色、防发花助剂,也是有机改性膨润土的活化剂。

日本楠木化成株式会社的 A670 - 20M 防沉淀、防垂流剂(经活化的聚酰胺蜡)可赋予体系高触变性,防沉淀、防流挂性能优秀,长效而稳定,不结粒。适用于醇酸、乙烯基、丙烯酸、氯化橡胶及双组分丙烯酸/聚氨酯、聚酯/聚氨酯、环氧等体系。

法国哥帝士公司的 THIXOL 100N 防沉、防流挂剂(聚丙烯酸酯类)适用于厚膜漆及纺织印刷色浆,可单独使用或与 PV 增稠剂一起使用。使用前必须先溶于水并搅拌,直至形成膏状。

法国 SYNTHRON 公司的 PROX-AM 162S 缔合型碱增稠剂(缔合型聚丙烯酸酯类)具有明显的触变、增稠作用,可赋予体系触变性,防止贮存期颜料沉淀及施工流挂。其黏度低,流动性、操作性好,除了在中低剪切速率下有很好的增稠性,在高剪切速率下也有优异的效果。稳定性好,耐热、耐冻、耐水性、相容性均表现优越,在 4 000 r/min 转速下搅拌 30 分钟无不良影响。与纤维素增稠剂相比,它不易受微生物的侵蚀。适用于苯丙、乙丙、纯丙、丁苯等各种水性涂料及油墨。

美国嘉智公司的 XOANONS WE-D101S(特殊聚酰胺蜡浆)适用于建筑、重防腐及木器涂料用防沉。

美国嘉智公司的 XOANONS WE-D105(改性脲化合物溶液)形成假塑性和触变性的流动特性,防止沉淀和流挂。

6.3 防流挂剂

以液、固两相构成的涂料,其流变性能的调整会影响到施工及储存性能。在立体基材表面的施工过程中,由于重力的作用,有时会产生流挂现象,一般可以从以下几个方面着手控制:

(1)降低溶剂或水在配方中的用量,提高体积固含量。

(2)在单组分溶剂型涂料中,选用分子量较高的树脂控制黏度,但这会影响到颜料体积浓度。

(3)选用部分吸油量高、比表面积大、堆积密度低的无机填料,改善悬浮性,但一般会损害流平性及涂膜抗性。

(4)降低涂膜涂刷厚度,但会影响遮盖力及丰满度。

(5)控制表面张力不要太低,但会影响附着力。

(6)缩短涂膜表干时间,但有可能形成橘皮。

(7)控制基材的极性及空隙度,一般通过调整底漆和腻子来实现。

（8）控制流平剂的用量。

（9）其他工艺调整。

事实上，涂膜的装饰效果及表面抗性的要求制约了上述要素的实施，因此有效地控制涂料的触变性，建立可靠的低剪切黏度是非常必要的。

触变增稠剂的使用有助于在尽量不影响涂膜性能的前提下实现抗流挂。本章列举了市场上常用的通用型触变剂，分类如下：

类别	品种	作用
无机类	气相二氧化硅 有机改性膨润土 有机改性锂蒙脱土	靠特有的结晶构造，实现控制溶剂或水，形成凝胶态。
有机类	聚乙烯蜡、聚酰胺蜡、氢化蓖麻油等	吸附溶剂并溶胀，控制体系黏度。
	纤维素醚、碱溶胀乳液、大分子量聚羧酸盐	保水剂
	聚氨酯、聚醚类缔合型增稠剂	中、低颜料体积浓度水性涂料中与树脂缔合控制黏度。

典型的高分子型防流挂剂：

常州涂料化工研究院的防流挂树脂（特殊改性聚酯、丙烯酸树脂）具有优异的防流挂性能，能防止颜、填料沉降，帮助铝粉定向。同时具有优异的力学性能，适用于各类汽车用金属闪光漆、素色面漆以及罩光清漆等。

上海德亿化工有限公司的 DE-8415、8416 防流挂、防沉剂（聚酰胺蜡）为预分散的聚酰胺蜡，具有优异的增稠、防流挂和防沉效果。易分散，粒度细，免研磨，以高速搅拌机搅匀即可。具有优异的触变性，尤其在防流挂、防沉方面优于一般的防沉剂。不影响平坦性，不影响涂膜的光泽和耐水性、黄变性。能提供较佳的触感，保持均匀的涂膜厚度。同时还具有优异的定向性，可促进铝粉、珠光粉等的定向整齐排列，增进闪光效果。DE-8415 适用温度范围为 20～60 ℃，可用于各种溶剂型铝粉、珠光粉面漆和重防腐底漆等，适用体系为各种溶剂型涂料、油墨、填缝胶、紫外光固化体系及不饱和聚酯体系。DE-8416 使用的温度范围为常温至 70 ℃，可应用于各种溶剂型涂料体系，尤其是重防腐涂料和烤漆系统。

英国奥维斯公司的 SOLTHIX 250 增稠防沉、防流挂剂（特殊改性高分子聚合物）在溶剂型体系中能有效防止流挂与沉降，不影响漆膜的透明度、光泽及流平效果。适宜清面漆防流挂，操作便利，对体系极性无特殊要求，广泛应用于汽车漆、工业漆、木器漆。适用于聚酯/氨基、丙烯酸/氨基、醇酸漆、双组分聚氨酯漆、双组分环氧漆。

日本楠木化成株式会社的 4300 防沉淀、防垂流助剂（聚酰胺改性蓖麻油蜡）可赋予体系高触变性，对高颜料、填料含量的体系的防沉及防止施工流挂有明显效果。它在高温下比氢化蓖麻油有较高的稳定性。适用于自干醇酸、双组分环氧及黏合剂等体系。

巴斯夫公司的 Collacral P 水性增稠剂（含酰胺基团的聚丙烯酸铵盐水溶液）适用于水性黏合剂、乳胶漆，以及其他水性体系。具有增加体系黏度、防止施工流挂、防止沉淀的作用,也可做二次分散的保护胶体。

巴斯夫公司的 Collacral LR 8475 水性增稠剂(聚氨酯溶液)为水性聚合物及其产品的增稠剂,具有增加体系黏度,防止施工流挂、飞溅的作用。其增稠作用不受 pH 值的影响。

6.4 锤纹助剂

锤纹漆是美术漆的一种,广泛应用于铁制日用品、玩具、灯具、灶具(煤气灶、煤气罐)、防盗门、院门等的装饰和保护。

锤纹漆由基料、非浮型铝粉、颜料、溶剂及助剂组成。锤纹漆效果是由于非浮型铝粉在漆膜内,因喷溅及溶剂成贝纳德旋涡式挥发,铝粉发生回旋运动,排列成浅盆状,中心部分比较水平,边缘部分呈垂直状。按连结料的组成可分为:氨基锤纹烘漆(烘干型)、硝基锤纹漆、过氯乙烯锤纹漆(自干型)及聚氨酯锤纹漆(双组分交联型)。

锤纹漆也要求严格的施工工艺,同一种漆,不同的施工可得到不同的锤纹效果。一般分为一度锤纹漆及二度锤纹漆。一度锤纹漆是在已涂底漆的表面上喷涂锤纹漆。这时,底漆与面漆最好相近,以免锤纹花型露底。二度锤纹漆是在一度锤纹漆喷涂后,在漆膜固化之前,用溶剂喷溅锤纹漆表面,溶剂点能重新溶解漆膜而重新流平并产生锤纹花纹。因溶剂黏度低,喷溅不易均匀,故花纹不如一度锤纹面漆。

锤纹漆中最重要的助剂是锤纹助剂,也称锤纹增效剂,主要有聚二甲基硅氧烷(也称有机硅树脂)。

锤纹漆的制造设计,除与锤纹助剂的应用有关外,还要注意如下一些技术上的要点:

(1) 基料要求喷涂后能极快地固化,使形成的浅盆状的花纹及时固定。

(2) 配制氨基锤纹烘漆时,宜选用亚桐油醇酸树脂,并使之聚合度偏大,以便使花纹及时固定。但黏度大时易胶结,贮存稳定性差,这在配方设计时宜全面考虑。氨基树脂可考虑用脲醛树脂,它价格低,锤纹效果好。做醇酸型时为了快干可考虑采用苯乙烯改性醇酸。

必须注意,锤纹漆中溶剂的沸点低一些,挥发速率快一些,易形成锤纹。但又要注意到挥发过快,流平太差易露底。

锤纹漆可用颜料着色,颜料分散在锤纹花纹中使锤纹更加美观。颜料因加入量少,最好以浆的形式加入。

锤纹助剂在漆中的用量约为 3%,随花纹大小而异。锤纹漆只能喷涂而不能用刷涂等施工方法,使用前应将铝粉浆搅拌均匀,防止沉淀,以免花纹不匀。与常规喷漆相比,锤纹漆喷涂时枪嘴直径可大一些(0.2~0.25 cm);喷涂压力要低一点(0.2~0.25MPa),施工黏度应高一点(涂-4 杯 100 s),使其雾化差一点;喷涂距离略远一些(30~35 cm),漆膜略厚一点(干膜约 40 μm)。

典型的高分子锤纹助剂:

华夏助剂的 HX-6010、6110 溶剂型涂料用锤纹剂(聚硅氧烷溶液)。其中 HX-6110 为特殊的表面调整剂,可以使铝粉漆花纹均匀、致密细腻、精美、立体感强。且由于其分子链结构相当稳定,在贮存过程中花纹不会产生较大变化。该产品适用于各种类型的溶剂型涂料。

湖北鄂州宏图化工制品有限公司的 NC-856 粉末锤纹剂(表面张力极低的有机聚合物)的化学成分为表面张力极低的有机聚合物。在粉末熔融固化过程中与铝粉共同作用,使颜料发生回旋运动,排成浅碟状或树枝状的贝纳德旋涡,外观上看即为各类锤纹。必须与非浮型铝粉、分散性好的颜料一起混合挤出,粉碎过筛后即为成品。此工艺简化了原内加聚乙烯醇或外加浮花剂的二次加工工艺,且所得锤纹透明感强,纹路清晰,锤纹大小可调。

江苏泰兴涂料助剂厂的 JTY 涂料锤纹助剂(改性有机硅)适用于各类锤纹漆中,可以提高立体锤纹效果。

上海长风化工厂的 DC-61 锤纹助剂(超大分子有机硅)根据不同的添加量可以制成各种粗细的花纹。它起纹快,添加入涂料中后稳定性好,不会在贮存过程中迁移或析出。适用于醇酸、氨基、聚氨酯、丙烯酸等涂料体系。

上海德亿化工有限公司的 DE 1801 溶剂型锤纹助剂(超高分子量聚硅氧烷溶液)可使铝粉涂料产生立体锤纹效果,高添加量产生细小致密锤纹,低添加量产生粗大花纹。广泛应用于溶剂型单、双组分锤纹漆。

宁波南海化学有限公司的 BBM 浮花剂、BBWK 斑纹剂(聚丙烯酸酯)专门应用于制造美术型粉末涂料,产生浮花、锤纹、橘纹或皱纹效果,BBWK 比 BBM 产生的凹凸感更强。适用于环氧、环氧/聚酯、聚酯等体系。

美国嘉智公司的 XOANONSTM WE-D760S 溶剂型漆用锤纹剂(聚硅氧烷溶液)为溶剂型漆用锤纹助剂,可以使铝粉漆花纹均匀精美,主体感强烈。

特罗依化学公司的 POWDERMATE 508 TEX 粉末涂料用纹理剂(酯改性低聚醚)添加到粉末涂料中可以使体系产生锤纹、脉纹等不同涂膜纹理,其花纹均匀、立体感强,过量喷涂部分可回收使用且不影响纹理效果。适用于环氧、聚酯、丙烯酸等粉末涂料体系。

6.5　消光剂

能使涂料表面光泽明显降低的物质称为涂料消光剂,其用量最大的是超微细合成二氧化硅,其次为微粉化蜡,铝、钙、镁、锌的硬脂酸盐用量较少。此外,加入体质颜料,提高颜料含量,添加不完全相容的树脂组分以及用机械方法使涂层表面粗糙或表面压花也可降低涂膜光泽度。

6.5.1　消光原理

关于涂膜的消光原理,目前看法是一致的,即先在涂膜的表面形成微小的凹凸,使该表面对入射光线形成漫反射。当涂膜干燥时,由于溶剂的挥发,表面不断收缩,使均匀分布其中的消光剂颗粒在表面形成极微的小凹凸。这种微小的凹凸不平,只是光学上的不平整,眼睛是看不见的。光线以一定角度照射到涂膜表面上,如果其表面接近光学平面则会造成全反射,涂膜光泽度高;当涂膜表面平均粗糙度逐渐增大时,漫散射光将逐步代替全反射光,使其光泽度不断下降,最终将形成无光涂膜。

涂膜光泽一般由光泽仪测定,入射角分别是 20°、60°和 85°,以 60°角最常用。光泽度在 90%以上为高光涂料,60%以下为亚光涂料,小于 10%为无光涂料。这只是大致的区分,各厂家的分类亦不尽相同。

6.5.2 消光剂的应用

消光剂的应用以家具和装饰涂料用量最大,据德固萨公司统计,在亚洲,家具和装饰涂料所使用的二氧化硅消光剂占总量的一半以上。

家具和装饰涂料使用的树脂多为聚酯、聚氨酯、聚丙烯酸等,其光泽度高。使用微米级合成二氧化硅及少量微粉蜡,使光泽度降至 50%~60%,提高了装饰性,光泽度柔和,手感丰满,受到用户的喜爱。从环保角度讲,它符合人体的生理卫生要求,不易造成人眼的疲劳。医院和大型计算机房采用亚光地坪涂料,光线柔和,为创造安静舒适的环境提供了有利条件。

大型招牌面板、交通标志等需要抗闪烁的涂膜表面,为了安全的目的,一般使用亚光涂料。军事装备和设施,如军车、坦克、装甲车、雷达和大型火炮等使用消光涂料是为了隐蔽保密及安全。

为了增加涂层的附着力,有时采用亚光涂料,如汽车的底涂和中涂。另外,覆盖不完美涂层,掩盖其使用涂料缺陷及基材本身缺陷也是使用消光剂的目的之一。

涂料消光剂应该具备以下特点:① 易于分散;② 消光性能好,低加入量就可以产生强消光性能;③ 对涂膜的透明性干扰小;④ 对涂膜的力学性能和化学性能影响小;⑤ 在液体涂料中悬浮性好,长时间贮存,不会产生硬沉淀;⑥ 对涂料流变性影响小;⑦ 化学惰性高。

微米级二氧化硅消光剂具备以上特点,因而在涂料中用量最多。它化学纯度高,不溶于水、各种有机溶剂和一般的酸、碱,只与浓碱和氢氟酸反应,化学惰性高。其折射率为1.46,与各种涂料用树脂的折射率 1.4~1.5 接近,因而透明性好。用蜡处理的二氧化硅消光剂在储存过程中不会在溶剂型涂料中产生硬沉淀。由于是多孔性物质,低加入量就可产生强消光性。目前市售二氧化硅消光剂均可用高剪切分散,约 20~30 分钟即可达到满意结果。它的另一优点是不会对人体造成危害,也不会污染环境。

微米级二氧化硅消光剂有三种类型,均为 X 射线无定形多孔物质。其一为微米级沉淀水合二氧化硅,原级粒子呈链状堆积。它是国内生产使用最多的一种,价格低,但因为粒度较小,用量较大,透明性较差,只适用低档及小部分中档涂料。国外品种以德固萨公司的 OK 系列质量最好,易于分散,且有蜡处理,不易产生硬沉淀,但价格较贵。

另一种是微米级二氧化硅气凝胶,其原级粒子形成三维空间网状结构,孔容一般大于1.5 mL/g。国内已有生产,由于采用微米及亚微米级分级装置,粒度分布窄,消光性和透明性与国外同类品种相当。采用蜡处理工艺,长时间放置不会产生硬沉淀。国外代表性产品为 Syloid C 系列,由格雷斯公司生产;Gasil 和 HP 系列,由 INEOS 公司生产。

第三种是气相二氧化硅消光剂,以德固萨公司生产的最著名,牌号为 TS100 和TT600。其消光性能好,透明性佳,但是易于产生硬沉淀,价格昂贵。

对于微米级合成二氧化硅的选择,首先要考虑涂料品种,涂膜厚度,对透明性要求,是否防止硬沉淀等因素,选择合适的品种牌号。

值得提出的是,进入21世纪,国产沉淀水合二氧化硅消光剂质量在逐步提高,二氧化硅气凝胶消光剂开发成功,已在中档涂料中得到应用。

微粉化蜡也是重要的涂料消光剂。如烷烃微晶蜡、微粉聚乙烯蜡、聚丙烯蜡、微粉聚乙烯蜡和聚丙烯混合体、微粉脂肪酸酰胺蜡、改性微粉聚乙烯棕榈蜡、微粉聚丙烯棕榈蜡以及微粉聚四氟乙烯蜡等。

微粉蜡除消光作用外,还可改善未经蜡处理的二氧化硅消光剂的防沉性,并可使涂膜手感更加丰满,增加涂膜爽滑性、耐水性、抗划伤性、耐磨性和抗粘连性。一般是将微粉蜡与微米级合成二氧化硅并用,能使涂膜性能更趋完善。目前,国外产品仍占主导地位,国产品种在质量方面尚有差距。

铝、钙、镁、锌的硬脂酸盐,它的开发应用较早,曾经是涂料的主要消光剂,在微米级合成二氧化硅消光剂进入市场后,其重要性大大降低。

6.5.3　典型的消光剂

上海索是化工有限公司的T308户外消光剂(带有环氧基的丙烯酸树脂)可作为低酸值饱和羧基树脂的固化剂,利用其组分与聚酯树脂的相容性差异而达到消光的目的。添加了T308的体系还可以增加填充剂的用量,一般可多加填料量的35%～45%,适用于聚酯粉末涂料体系。

上海索是化工有限公司的T301户外消光剂(改性聚乙烯蜡与锌的化合物的混合物)是专门用于纯聚酯或环氧/聚酯粉类的物理性消光剂,其利用改性聚乙烯蜡和锌的化合物共同作用达到消光目的。该消光剂属于添加剂,不参与化学反应。它具有消光效果佳、流平性好、耐候性优良、不泛黄等特点,是生产纯聚酯半光粉末和户内浅色半光粉末的理想助剂。

宁波南海化学有限公司的XG665纯聚酯消光固化剂(含缩水甘油基的高分子化合物)可与羟烷基酰胺(HAA或TGIP)配套,对羧基聚酯粉末涂料进行有效消光,通过改变各组分的用量来调节光泽,在HAA体系下光泽可小于10%。在TGIP体系光泽可小于20%。其与同类产品比较还具有耐冲击强度好,耐污染性好,用量少的优点。

德谦企业股份有限公司的FA-110、FA-115消光剂(高分子聚乙烯蜡浆)为特殊的消光剂,制成的涂膜柔细、透明、润滑,具有极佳的手感,并可有效改进涂膜的抗刮伤性。不会有二氧化硅类消光粉造成的混沌现象与指甲刮过留下痕迹的情况。使用方便,直接加入成品搅匀即可,悬浮性良好,不易沉降,不易泛黄,适用于木器涂料、硝基漆、皮革涂料、聚氨酯涂料、酸固化涂料、印刷油墨等。

美国雅宝公司的PERGOPAK有机聚合物消光剂(含0.6%活性羟甲基的聚甲基丙烯酸甲酯尿素树脂)是有机聚合物消光剂,它含有数量极少的游离羟甲基基团,这种化学成分在漆膜固化过程中起到了聚合物交联剂的作用。通过羟甲基形成的多效能交联点在增加颜料体积浓度降低漆膜光泽的同时,从根本上改善了漆膜的弹性和表面硬度。增加了漆膜对基材的附着力、抗划伤性能、柔韧性、保光性和耐温性。用于皮革涂料时可获得皮革质感的触摸效果;用于感光材料中可以提高防尘能力。耐化学试剂性好,还可用于伪装涂料。

美国卑尔根公司的 Bermasilk MK 消光粉（高分子链状有机物）在烘干磁漆、水溶性漆、乳胶漆和热固系统中被用作消光剂。可用于所有的涂料系统，包括高固体、水性及溶剂型涂料，推荐用于水稀释丙烯酸、聚氨酯体系、卷钢涂料。具有表面滑爽及抗刻划性。

6.6　增滑、抗划伤剂

增滑、抗划伤剂是以提高涂膜平滑性能为目的的添加剂，属于漆膜表面状态调节剂的一种，广泛用于家用电器涂料、汽车涂料、家具涂料、黏合板涂料、预涂卷材涂料和罐头涂料等方面。还可用于水性体系涂料。

增滑、抗划伤剂的应用机理为：涂料添加了该助剂并涂布固化以后，该增滑、抗划伤剂能迁移并浮在涂膜表面（最佳状态能全部浮在涂膜表面），降低涂料的表面张力，赋予涂膜滑爽性，使涂膜表面具有非常低的表面阻力，从而降低了涂膜对第二个表面的摩擦系数，减小表面摩擦力，保护涂膜并抵抗划伤及粘连，提高连续化工业涂装的作业性。

近年来发展较快，在涂料中使用较广泛且效果好的增滑、抗划伤剂有两大类：蜡类和聚硅氧烷类。

（1）蜡类

该类品种较多，有来自天然生物的天然蜡，如动物的蜂蜡、植物的巴西棕桐蜡、小烛树蜡；来自煤的褐煤蜡、石油的石蜡等；还有化学合成的聚合蜡，如均聚物的聚乙烯蜡、聚丙烯蜡、聚四氟乙烯蜡，共聚物的乙烯－乙酸乙酯共聚蜡、乙烯－丙烯酸共聚蜡。聚合蜡具有比天然蜡软化点高、硬度高、增滑效果佳和耐磨耗性优良等特点，已逐步取代天然蜡，在涂料使用中占主导地位，其中以均聚物蜡为主。

聚合蜡以其低密度、低表面能及与涂料相容性差的特点加入涂料中并涂布固化后，能迁移、析出浮在涂料表面，它们像细微的滚珠轴承一样降低表面的摩擦系数，起到润滑作用，赋予涂膜防划伤、抗粘连性。

在涂料中作增滑、防划伤剂使用的聚合蜡平均分子量为 1 000～6 000。以相容性而言，聚乙烯蜡好于聚丙烯蜡和聚四氟乙烯蜡，适用范围广，在增滑、抗划伤性方面聚四氟乙烯蜡比聚烯烃蜡更有效。

然而，聚四氟乙烯蜡有一大缺点：密度大，易在涂料中产生沉淀，又会妨碍其在涂膜表面必需的漂浮和聚集，难以达到发挥其表面能极低、降低摩擦系数佳的目的，故在工艺上做了改进，将聚四氟乙烯蜡包覆于聚乙烯蜡的表面，借助于低密度的聚乙烯蜡达到悬浮，既防止沉淀，又能发挥聚四氟乙烯蜡增滑、抗划伤性和防粘连性好的优点。

在使用聚合蜡获得增滑、抗划伤性及防粘连性的同时，必须注意其有一定程度的消光作用，会影响涂膜的光泽。另外在工作中，聚合蜡经常与下述的聚硅氧烷增滑剂配合使用，显示两者的优点。

（2）聚硅氧烷类

涂料加入聚硅氧烷并涂布固化后，聚硅氧烷能迁移到涂膜表面，形成极薄的分子层，以最低的排列能量排列在涂膜表面，使其具有很低的表面张力，作为滑爽层，赋予涂膜润滑性。

聚二甲基硅氧烷是聚硅氧烷类的母体,结构式如下:

$$\underset{\underset{CH_3}{|}}{\overset{\overset{CH_3}{|}}{H_3C-Si}}-O\left[\underset{\underset{R}{|}}{\overset{\overset{CH_3}{|}}{Si}}-O\right]_n\underset{\underset{CH_3}{|}}{\overset{\overset{CH_3}{|}}{Si}}-CH_3$$

式中 $n=45\sim230$ 的聚二甲基硅氧烷提供增滑、抗划伤性,但其与涂料基料的润湿相容性很差,需用量很小,且控制的适用范围很窄,操作稍不慎极易引起涂膜的缩孔、缩边等缺陷,使用受到限制。为此对其进行改性,仅牺牲部分表面张力的降低,大大提高了与涂料基料的相容性。

R 是苯基时,则为苯基甲基硅氧烷,虽然改善了与涂料基料的相容性,但在降低涂膜表面张力方面效果不明显。

R 是聚醚链时,则为聚醚改性聚二甲基硅氧烷,是使用较普遍的一类增滑剂,可大大提高与各种涂料基料的相容性,增滑效果好。但其在 130 ℃时聚醚链明显出现热降解现象,且温度愈高,断裂愈快,影响了其在烘烤漆中的使用。

R 是环氧乙烷聚合成的聚醚侧链时,该聚醚改性聚二甲基硅氧烷可用于水性涂料;当结构中甲基被部分改为烷基(C2～C10),烷基的碳数将影响产品的表面张力,碳数越高表面张力越大。

R 是聚酯链时,则为聚酯改性聚二甲基硅氧烷,它与涂料基料相容性好,热稳定性佳,完全可用于烘烤漆,甚至可用于更高温度但烘烤时间短暂的预涂卷材涂料。

R 是芳烷基链时,为聚芳烷基改性二甲基硅氧烷,适合不同涂料基料相容性需要,且比聚酯改性聚二甲基硅氧烷具有更好的热稳定性。

R 还可以是带某些反应性基团(如羟基、羧基、双键、氨基等)的聚合链,这些活性基团能与涂料基料起化学反应,使该硅氧烷成为固化后基料的组成部分,具有永久性的平滑、耐污染、易清洗、不能再涂等特性。

使用上述两类增滑剂,涂膜除获得增滑、抗划伤性及防粘连性以外,还同步取得耐磨、流平、易清洁、抗污染等诸多性能。需通过试验选择既达到效果又尽可能小的使用量,并注意它们对层间附着力的影响。

典型的高分子增滑、抗划伤剂有:

华夏助剂的 HX-303 溶剂型增滑助剂(高分子蜡分散体)。其少量添加就可提供极佳的手感和抗黏合性能,具有良好的分散性,对漆膜的透明度影响极低,特别适用于溶剂型木器涂料。

湖北宏图化工制品有限公司的 755B 粉末增硬剂(改性聚乙烯蜡)在粉末涂料中能有效提高透涂膜的表面硬度,特别是用于高档装饰的粉末中,能充分起到抗划伤作用。使用本品能比对应品种的涂膜硬度提高 1～2H。

上海德亿化工有限公司的 DE 1851 抗磨增滑剂(改性有机硅)可以有效降低涂膜表面的摩擦系数,提高滑爽性,还可提高涂膜的抗划伤性和耐磨损性能。适用于溶剂型及水性涂料。

上海德亿化工有限公司的 DE 2845、2856、2859、2886 流平、增滑剂(改性反应型有机硅)能有效促进涂膜流平,防止贝纳德旋涡形成,提高涂膜光泽、滑爽性、耐磨损性和抗划伤性。改善消光粉、铝粉定向。由于它们可以与树脂交联,参与成膜反应,因此可以赋予涂膜永久的滑爽性、抗划伤性和防粘连性,且不会在重涂时降低附着力。DE 2845 适用于溶剂型、无溶剂型、水性涂料和油墨体系;DE 2856、2859、2886 适用于聚氨酯、丙烯酸、氨基/醇酸等树脂体系。

上海德亿化工有限公司的 DE 8418 蜡粉(聚四氟改性聚乙烯蜡)可以提高产品的抗刮性、滑爽性、防粘连性、耐磨损性。适用于溶剂型涂料、油墨和粉末涂料。

德谦企业股份有限公司的 810 溶剂型流平、平滑剂(聚醚改性二甲基硅氧烷共聚物溶液)能增进涂膜的平滑与抗划伤性,尤其在低添加量下,仍有优异的效果,制成的涂膜具有干爽的触感,使木器涂料具有明显的抗指痕印效果。

德谦企业股份有限公司的 836 溶剂型流平、平滑剂(聚醚改性二甲基硅氧烷共聚物溶液)制成的漆膜具有干爽的触感,重涂性、相容性极佳,对于改善亚光涂料消光粉的排列及减少涂膜光泽不均匀与橘皮现象效果优异,适用于各种溶剂型涂料。

德谦企业股份有限公司的 876 溶剂型流平、平滑剂(聚醚改性二甲基硅氧烷共聚物溶液)具有极佳的相容性、重涂性和良好的底材润湿性,可消除因润湿不足引起的涂膜皱缩、火山口现象,增进涂膜流平。适用于大多数工业涂料,是被广泛使用的流平、平滑剂。

德谦企业股份有限公司的 879 溶剂型流平、平滑剂(聚醚改性二甲基硅氧烷共聚物溶液)具有极其优异的油滑触感,能赋予涂膜丰满的手感,相容性及重涂性佳,亦能使涂膜快速流平,且涂膜干燥后不会造成表面细小橘纹的现象,是一个优异的触感助剂,且对增加涂膜抗划伤与粘连性有明显效果。

德谦企业股份有限公司的 880 溶剂型流平、平滑剂(聚醚改性二甲基硅氧烷共聚物溶液)能赋予涂膜非常特殊的柔顺细爽的触感,尤其适合在高档家具涂料中作为手感剂来使用,相容性佳。

德谦企业股份有限公司的 455 水油通用型流平、平滑剂(聚醚改性二甲基硅氧烷共聚物溶液)能使涂膜表面获得最优异的平滑感,并能改善抗黏合性与离型效果,增进涂膜的抗刮损,改善涂膜流动、平滑性,能预防及消除橘皮、缩孔、针孔等弊病。能以后加入方式消除调色系统的发花现象;或与分散剂并用预防发花。相容性好,在适当用量内重涂性良好。由于经适当有机改性,可适用于各种水性、乳胶涂料体系,帮助流平、消除刷痕。适用于大部分溶剂及非溶剂性涂料,如醇酸/氨基烘漆、聚氨酯涂料、硝基漆等效果优异。也适用于水性涂料如丙烯酸、苯丙、乙酸乙烯类乳胶漆及醇酸、丙烯酸、聚酯类水溶性漆,也可用于皮革涂料。

浙江临安福盛涂料助剂有限公司的 W 490 流平剂(有机硅改性丙烯酸酯聚合物)与各种乳液及助剂的相容性良好,可提高乳胶漆的平滑性,消除刷痕,具有防粘连、防刮伤、耐磨损等特性。常用于苯丙、乙丙、纯苯乳胶漆等水性涂料。

美国道康宁公司的 DOW CORNING 14 水性和溶剂型涂料用润湿、流平、平滑、抗刮助剂(甲醇改性有机硅)可提高溶剂型体系的平滑性和流平,提高水性体系的抗刮性,适用于丙烯酸、醇酸、环氧、聚酯、聚氨酯等树脂。

美国道康宁公司的 DOW CORNING 30 水性和溶剂型涂料用润湿、流平、平滑、抗刮助剂(甲醇改性有机硅)可提高涂膜的平滑性、抗刮性及防粘连,特别适用于紫外线固化体系,在水性涂料中提高光泽。适用于聚酯和环氧基丙烯酸酯的辐射固化体系。

美国道康宁公司的 DOW CORNING 55 水性和溶剂型涂料用润湿、流平、平滑、抗刮助剂(甲醇改性有机硅)可提高涂膜的流平性、平滑性及抗刮性,适用于丙烯酸、醇酸、酰胺、环氧、硝化纤维素、酚醛、聚酯、聚氨酯、乙烯基等树脂。

6.7　增稠剂、触变剂

乳胶漆在生产、贮存、施工和成膜过程中,要求有合适的流变性。因此在生产时,要加增稠剂调节流变性,以满足各方面要求。

6.7.1　浓分散体的流变类型

剪切速率 D 与剪切应力 r 的关系图称为流变曲线。

(1)当流变曲线为通过原点的直线时,该流体称为牛顿流体。

(2)当流变曲线是与剪切应力轴相交的直线时,该流体称为塑性流体,该交点为屈服点。

(3)流变曲线通过原点,即没有屈服点,同时黏度随剪切速率提高而下降的流体叫假塑性流体。

(4)流变曲线通过原点,即没有屈服点,同时黏度随剪切速率提高而增大的流体叫膨胀流体。

(5)有屈服点,黏度不仅随剪切速率提高而下降,而且在恒定的剪切速率下,也随时间的推移而下降;当剪切作用停止后,黏度逐渐恢复,这样的流体叫触变性流体。乳胶漆就属于触变性流体。

6.7.2　乳胶漆对流变性的要求

乳胶漆从生产、贮存、施工到成膜,常常遇到不同的剪切速率。据巴顿介绍,制造过程中,高速分散机的分散盘附近,其剪切速率范围约为 $1\,000 \sim 10\,000\ \mathrm{s}^{-1}$,而在容器顶部,剪切速率仅为 $1 \sim 10\ \mathrm{s}^{-1}$,接近容器壁的涂料实际是静止的。乳胶漆泵送进贮槽或装灌至桶里后,剪切速率下降至 $0.001 \sim 0.5\ \mathrm{s}^{-1}$。在施工时,蘸漆时的剪切速率估计为 $15 \sim 30\ \mathrm{s}^{-1}$,而涂刷时的剪切速率与高速分散时差不多,约为 $1\,000 \sim 10\,000\ \mathrm{s}^{-1}$。在施工后,乳胶漆会产生流平、流挂和渗透,这时典型的剪切速率在 $100\ \mathrm{s}^{-1}$ 以下。为了提高生产率,得到优良的产品,就提出了不同的流变性要求,详见表 6-1。

表 6-1　乳胶漆对流变性的要求

过程	剪切速率/s⁻¹	黏度/Pa·s	屈服值/Pa
贮存	0.1	>50	>1.0
漆刷蘸漆而不滴落	20	>2.5	>1.0

（续表）

过程	剪切速率/s^{-1}	黏度/Pa·s	屈服值/Pa
好的丰满度	10 000	0.1~0.3	<0.25
流平和防止流挂	1.0	5~10	<0.25

6.7.3 增稠剂的种类及增稠特点

（1）纤维素醚及其衍生物

纤维素醚及其衍生物类增稠剂主要有羟乙基纤维素（HEC）、甲基羟乙基纤维素（MHEC）、乙基羟乙基纤维素（EHEC）、甲基羟丙基纤维素（MHPC）、甲基纤维素（MC）、多糖类和黄原胶等，这些都是非离子增稠剂，同时属于非缔合型水相增稠剂。分子量一般为$(0.5\sim8)\times10^5$。在乳胶漆中最常用的是 HEC，如亚跨龙公司的 Natrosol 250HBR。MHEC、EHEC、MHPC 具有一定的疏水性，在 ICI 黏度、抗飞溅和流平等方面，比 HEC 稍好。

这类增稠剂是利用其易与水形成氢键而有很高的水合作用及其分子链之间的缠绕来增稠。其特点是：与乳胶漆中各组分相容性好，低剪增稠效果好，对 pH 值变化容忍度大，保水性好，触变性高。由于低剪切速率时黏度高，所以流平性差，并且对涂膜光泽有影响。因为分子量较大，分子链较柔韧，高剪切速率时黏度又低，所以涂料辐涂抗飞溅性差。高剪切速率时黏度低，导致涂膜丰满度差。苷键易受细菌侵蚀降解而使涂料黏度下降，甚至变质，因此，使用时，体系中必须添加一定的防腐剂。

提高取代度能屏蔽苷键受细菌侵蚀，从而有利于抗生物降解。防酶型纤维素增稠剂就是根据此原理生产的。如亚跨龙公司产品中字母 B 就是此义。纤维素醚遇水容易结块，为了防止出现此情况，常以乙二醛处理纤维素醚，以降低其在低 pH 值时的水合作用。如亚跨龙公司产品中字母 R 就代表此作用。

疏水改性纤维素（HMHEC）是在纤维素骨架上引入长链疏水烷基，其属于缔合型增稠剂，如 Natrosol Plus Grade 330,331。由于进行了疏水改性，在原水相增稠的基础上又具有缔合增稠作用，能与乳液粒子、表面活性剂以及颜料和填料交互作用而增加黏度，其增稠效果可与分子量大得多的品种相当。HMHEC 使 HEC 的不足之处得到改善，可用于丝光乳胶漆中。

（2）碱溶胀型增稠剂（ASE 和 HASE）

碱溶胀增稠剂分为两类：缔合型的（HASE）和非缔合型的（ASE），它们都是阴离子增稠剂，分子量约为$(2\sim5)\times10^5$。

非缔合型的 ASE 是聚丙烯酸盐碱溶胀型乳液，其增稠机理是在碱性体系中发生中和反应，树脂被溶解，羧基在静电排斥的作用下使聚合物的链伸展开，从而使体系黏度提高，达到增稠效果。如罗门哈斯公司的 ASE 60。

缔合型 HASE 是疏水改性的聚丙烯酸盐碱溶胀型乳液。增稠机理是在 ASE 的增稠基础上，加上缔合作用，即增稠剂聚合物疏水链和乳胶粒子、表面活性剂、颜料粒子等疏水部位缔合成三维网络结构，从而使乳胶漆体系的黏度升高。其特点是增稠效率较高，因为本身的黏度较低,在涂料中极易分散。大多数品种有一定的触变性,同时也有适度的流平性,也有高触变性的产品可供选择。涂料辊涂抗飞溅性较好,抗菌性好,对漆膜的光泽无不良影响,但对 pH 值敏感。HASE 也有含聚氨酯和不含聚氨酯的两类。这种增稠剂如科宁公司的 DSX3116、罗门哈斯公司的 TT‐935 等。

（3）聚氨酯增稠剂（HEUR）

HEUR 是一种疏水基团改性的乙氧基聚氨酯水溶性聚合物,属于非离子型缔合增稠剂。分子量约为 $3 \times 10^4 \sim 5 \times 10^4$。增稠机理是 HEUR 在乳胶漆水相中,像表面活性剂形成胶束,疏水端与乳胶粒子、表面活性剂等的疏水结构吸附在一起,形成立体网状结构,达到增稠效果。其特点是:由于低剪切速率黏度低,所以流平性较好,对涂料的光泽无影响。而高剪切速率黏度高,故涂膜丰满度高;涂料辊涂施工抗飞溅性好,在这些方面一般优于碱溶胀型增稠剂。另外,抗菌性好,屈服值低。但是,配方中表面活性剂、乳液、溶剂等对其增稠效果都有很大影响。因为是疏水结构互相吸附缔合,所以体系中任一组分 HLB 值的改变,增稠效果也随之改变,即对配方变动非常敏感。

（4）疏水改性非聚氨酯增稠剂（NENN）

这是一种疏水基改性的乙氧基非聚氨酯水溶性聚合物,也属于非离子型缔合增稠剂,性能与 HEUR 相似,如疏水改性聚醚。

（5）无机增稠剂

目前用于乳胶漆的无机类增稠剂主要有以下三种:

膨润土　使用较多的是钠基膨润土,呈片状结构,吸水体积增大,形成触变的立体网状结构而使体系增稠。

凹凸棒土　呈针状,分散于水中后,颗粒间形成网络,将水包裹于其中而起增稠作用。其增稠效率比膨润土高,具有良好的触变性能,防止颜料、填料下沉。

气相二氧化硅（白炭黑）　在涂料生产中,可以通过加入适当气相二氧化硅来控制体系的黏度,在体系含醇的情况下,增稠效果较好且有良好的触变性能,防沉效果好。

这三种无机增稠剂的共同特点是抗生物降解性好,低剪切增稠效果好,但辊涂抗飞溅性差。

（6）络合型有机金属化合物类增稠剂

这是近年来开发的一类新型增稠剂,作为乳胶漆的结构性增稠剂,其显著特点是抗流挂性、辊涂抗飞溅性、流平性等都优于纤维素醚类增稠剂。其增稠机理也是通过氢键作用。目前国内尚没有产品问世,国外有法国罗纳普郎克公司生产的有机锆络合化合物增稠剂,英国卜内门公司生产的氨基醇络合钛酸酯类增稠剂。这种增稠剂对采用 HEC 保护胶体的乳液是有效的。

6.7.4　增稠剂的选择

从以上各类增稠剂的增稠机理及特性分析中,可以得到这样一个结论:任何一类增稠剂都有其特点,在涂料的增稠体系中,如果只用一类增稠剂,很难达到长久的贮存稳定性、良好的施工效果和理想的涂膜外观。通常,在涂料增稠体系中,需使用两类增稠剂才能达到较理想效果。

增稠剂的选择不能仅考虑增稠剂,还要结合乳胶漆体系来选择增稠剂。尤其是采用缔合型增稠剂时,要考虑乳液、表面活性剂、成膜助剂等综合影响。

结合乳胶漆的 PVC,可按以下方法选择增稠剂。

(1) 对于高 PVC 乳胶漆,由于乳液含量低,而颜料、填料用量高,为了保证贮存中不分层,其低剪切黏度和触变性应就高控制,因此可采用 HEC 和碱溶胀增稠剂配合,来调整黏度。PVC 越高,采用的 HEC 分子量也可越大。

(2) 中等 PVC 和低 PVC 乳胶漆,由于乳液含量较高,可将黏度曲线不同的缔合型增稠剂配合使用,以达到贮存、施工、流平等方面较好的平衡。

也有人建议,在大多数情况下,以 HASE、HEUR 一起搭配 HEC,或者以 HASE 搭配 HEUR 来使用,均能取得满意的结果。仅以 HEC 和 HEUR 搭配使用,因为亲水亲油性差距太大,往往导致分水。

6.7.5 典型的高分子增稠剂

常州涂料化工研究院的 Jr 增稠剂(碱溶性丙烯酸酯共聚物)为水性涂料增稠剂,可提高涂料稳定性而不影响光泽,具有用量少、耐水好的特点。

德谦企业股份有限公司的 229 溶剂型增稠、防沉剂(聚酰胺蜡)具有优异的触变、防流挂与防沉效果。对涂膜光泽影响小,容易分散,无须研磨,高速分散即可。能防止颜填料沉降,适用于各种溶剂型涂料如亚光漆、铝粉漆、珠光面漆、重防腐底漆及油墨、填缝胶等。

北京东方亚科力化工科技有限公司的 AT-03、04、06 水性漆用增稠剂(丙烯酸酯聚合物)均为纯丙自交联乳液,属于协同型增稠剂,具有增稠效果好,不霉变等特点。AT-03 适用于高固体分建筑涂料及其他厚质涂料、建筑涂料;AT-04 适用于高速涂布机使用的水性压敏胶;AT-06 适用于乳胶漆、防火底漆及防火面漆,它赋予体系适当的流平及流挂性能。

北京富特斯化工科技有限公司的 UN-641、642、643 非离子聚氨酯流变剂(缔合型聚氨酯)均为缔合型聚氨酯类流变改性剂,是一种性能优秀的水性流变改性剂,适用于多种乳液体系的高、中档乳胶漆、水性油墨、水性黏合剂等体系。此类助剂同时具有好的增稠效果和好的流平性能,对涂膜的耐水性有改善,由于它为非离子结构,因而其流变效果较少受体系 pH 值的影响。UN-641 在低、中剪切力条件下增稠效果较好;UN-642 抗流挂性能突出,特别适用于对流变性、增稠性同时要求较高的体系;UN-643 在高剪切力下流动好、具有极好的触变性,与水性体系及各颜填料的相容性好。

北京富特斯化工科技有限公司的 BN-661、662 缔合型碱溶胀增稠剂(缔合改性丙烯酸酯)为缔合改性乳液型增稠剂,同时具备聚氨酯缔合型增稠剂和聚丙烯酸酯碱溶胀型增稠剂的双重优点。具有优异的增稠效率、较好的流变性,良好的抗菌性、保光性和耐水性,使用方便。适用于各种乳液、乳胶漆、水性工业漆、黏合剂等体系。本品可以单独使用也可与聚氨酯缔合型增稠剂等其他类型增稠剂配合使用。

海川科技化工有限公司的 DSX 3000 乳胶漆流变改性剂(改性聚醚)为无溶剂、低臭味,能显著提高涂料的高剪切黏度,可用于水性工业漆、乳胶漆等,特别适用于低 PVC 高光水性涂料。

海川科技化工有限公司的 DSX 3256、3290 乳胶漆用缔合型增稠剂(聚氨酯类物质)可以替代无机类、纤维素类及碱溶胀型增稠剂用于水性漆的增稠和提供涂料稳定性。适用于各种水性工业面漆、底漆、乳胶漆及胶粘剂。

海川科技化工有限公司的 DSX AS 1130、1130H 碱溶胀型增稠剂(丙烯酸酯类共聚物)广泛用于乳胶漆、黏合剂、印花色浆等水性体系中。1130 假塑性强,能显著提高体系低剪切速率下的黏度,具有良好的保水性能,黏度稳定,调色性好,适用于平光至有光水性漆;1130H 主要应用于提供涂料的低剪切黏度,增强触变性,防止施工流挂及贮存水分。

江阴国联化工有限公司的 GHP 101 增稠剂(聚丙烯酸钠盐)属于碱增溶型增稠剂,耐水性好,价格低廉,适用于各类乳胶漆及水性涂料的增稠。

江阴国联化工有限公司的 GHP 102 增稠剂(聚丙烯酸缔合型)属于缔合型增稠剂,增稠效果优异,用量少,适用于各类乳胶漆及水性涂料的增稠。

上海长风化工厂的 T-17 水性增稠剂(高分子聚丙烯酸)使乳胶漆具有良好的机械稳定性、贮藏稳定性和冻融稳定性,具有良好的防霉、抗水、耐擦洗性能。主要应用于苯丙乳胶漆、乙丙乳胶漆等各种水性涂料。

上海长风化工厂的 T-117A 水性增稠剂(聚丙烯酸乳液)是一种低黏度的聚丙烯酸乳液,具有优良的增稠效率和流平性能。用它增稠的涂料不消光、贮存稳定、抗霉菌侵蚀、施工性能好、不飞溅、不流挂。可广泛应用于各种水性建筑涂料、水性油墨、水性黏合剂。

上海长风化工厂的 2025 聚氨酯类水性增稠剂(聚氨酯丁二醇的水溶液)可显著提高涂料的高剪切黏度,且增稠效果极佳,并提供理想的流平性和涂膜丰满性。

上海长风化工厂的 2026 缔合型增稠剂(非离子型聚氨酯流变改性助剂)能赋予涂料极佳的涂刷性、涂膜丰满性、抗飞溅性、耐水性和抗分水性;极佳的流动和流平性、遮盖力、均匀成膜性能和高光泽性;生产过程易于处理,相容性好;抗微生物和霉菌侵蚀。适用于各种类型及各种光泽的乳胶漆。

上海长风化工厂的 2078 流变助剂(聚氨酯树脂溶液)为聚氨酯缔合型增稠剂,专为丙烯酸和乙烯基类水性漆而设计,可用于高光、半光、平光等乳胶漆;适合要求高剪切黏度的配方,使用小粒径乳液效果更为显著。它使涂料具有极佳的流动、流平性。还具有如下优点:增加高剪切黏度,优良的抗分层性,极佳的流动、流平性,良好的成膜性,良好的配伍性,不飞溅。

上海市涂料研究所的 HB 6120、6128 聚氨酯缔合型增稠剂(脂肪族聚醚聚氨酯)无臭味,着色性、混色性稳定,能有效增加中、低剪切速率范围内的稠度。HB 6120 对高剪切范围内的黏度增加效果不理想,对调整体系的动态黏性流动效果极佳,可赋予体系良好的流变性,可以防止喷涂、辊涂时的飞溅作用。HB 6128 对高剪切范围内的黏度增加亦有效果,对调整体系的触变性、流动性效果极佳,增稠效果明显,不易产生漆膜起雾,可以防止喷涂、辊涂时的飞溅作用。

德国毕克化学公司的 BYK-410 溶剂型和无溶剂体系用液体流变助剂(改性脲溶液)在加入涂料体系后会建立三维结构,形成假塑性和触变性流动特性,可防止沉淀和流挂。后加入时则用以防止流挂;若在调漆阶段加入则主要改善防沉。在工业涂料、路标漆、聚氨酯体系、含珠光颜料及铝粉涂料、富锌及锌粉涂料、腻子及二道底漆、颜料浓缩浆等体系中防沉效果好。在工业涂料、汽车底盘涂料、双组分原膜系统、聚氨酯体系、腻子及二道底漆等体系中控制流挂效果好。

德国毕克化学公司的 BYK－405 溶剂型涂料用流变助剂(聚羟基羧酸酰胺溶液)为液态,适用于含有气相二氧化硅的聚酯、丙烯酸和醇酸的溶剂型涂料。它能帮助气相二氧化硅容易、均匀地加入涂料中,并降低气相二氧化硅析出的倾向,改进了流变频率,增加并稳定涂料的触变性。

德国毕克化学公司的 BYK－411 溶剂型和无溶剂涂料用流变助剂(改性脲溶液)加入涂料中后,其活性物质分布为微细的晶体,通过它得到了假塑性的三维空间结构,改进了防沉淀剂和防流挂性,降低色漆的清液析出现象。本品是液体,易添加,适用于低极性的溶剂型和无溶剂体系以调整流变性。

6.8　其他高分子型涂料助剂

湖北宏图化工制品有限公司的 772 铝粉定向剂(酰胺类聚合物)用于增加粉末涂层光滑性,改善粉末中加入铝粉的定向排列性、润滑性和松散程度,它在粉末表面附上一层光亮的膜,从而增加了涂膜的白度及金属感,适用于各种外加的金属粉末如银粉、铜粉、珠光粉颜料等。

上海德亿化工有限公司的 DE 1701 铝粉多功能处理剂、DE 1703 铝粉增艳剂(含有多种官能团的高分子聚合物分散体)具有多种优异的功能,适用于铝粉的表面处理。可以防止铝粉表面氧化变黑;减少铝粉摩擦起火,提高铝粉的阻燃性、耐水性。可增进铝粉涂料体系对颜料的展色性,减少浮色、发花。提高铝粉涂料的贮存稳定性,防止铝粉沉淀。促进铝粉在涂膜中的有序排列,提高铝粉的质感、滑爽手感、与体系的黏合能力,防止掉银。DE 1701 还具有帮助颜料润湿、缩短研磨时间、提高研磨效率的作用;DE 1703 还具有提高铝粉光泽、白度及鲜艳性的作用。

上海德亿化工有限公司的 DE 8420 溶剂型定向剂(乙烯-丙烯酸蜡)为白色流动性糊状物,应用于溶剂型涂料及油墨体系,具有促进铝银浆、珠光粉的定向作用,使其整齐排列,提高闪光效果,并有防止金属粉沉淀和提供罩光漆鲜明性的作用。

上海德亿化工有限公司的 DE 1808 抗涂鸦剂(改性聚硅氧烷)具有优异的疏水性和疏油性,优异的防涂画性,使附着在涂膜上的印迹或涂料极易被擦去。适用于溶剂型防涂画涂料,不适用于清漆中,再涂性差。

上海德亿化工有限公司的 DE 1809、1810 水性抗涂鸦剂(改性高分子聚合物)具有优异的疏水性和疏油性,可重涂。优异的防涂画作用,使附着在上面的印迹或涂料极易被擦去,不能用于清漆。DE 1809 适用于含颜料的水性体系;DE 1810 适用于丙烯酸水性体系,它相比于 DE 1809 具有更优越的防涂鸦性。

上海德亿化工有限公司的 DE 8450、8451 疏水剂(聚甲基苯基硅氧烷树脂乳液)适用于有机硅树脂涂料和灰泥浆以及疏水性外用涂料和灰泥浆,可使涂料耐暴雨冲刷。适用于各种水性涂料,使被处理的表面产生类似荷叶的水珠效果,达到优异的疏水效果。

上海德亿化工有限公司的 DE 8452(聚硅氧烷树脂乳液)、8453 疏水剂(低分子量改性聚硅氧烷树脂乳液)疏水剂适用于各种水性涂料,使被处理的表面产生类似荷叶的水珠效果,达到优异的疏水效果。还适用于外用涂料和灰浆的共基料、浸渍底漆、硅酸盐涂料。有限适用于木器涂料、印刷油墨和皮革涂料。

上海德亿化工有限公司的 DE 8455 疏水剂(低分子量改性聚硅氧烷树脂乳液)适用于平版印刷油墨,可以减少平版印刷油墨的吸水量,亦可用于木器涂料和硅酸盐涂料。

上海德亿化工有限公司的 DE 8454 疏水剂(含氨基聚硅氧烷乳液)适用于有机硅树脂、苯丙乳液类疏水性外用涂料和灰泥浆、水玻璃类硅酸盐乳胶漆、苯丙、纯丙和聚氨酯乳液类皮革面漆和水性涂料。

上海德亿化工有限公司的 DE 8472、8477 防水剂(甲基硅树脂钠盐溶液)具有很强的渗透性,可以与空气中的二氧化碳反应生产拒水化合物。被处理的表面具有荷叶般的水珠效果,达到防水的目的。它还可以渗透进入建筑物的内部,既可以减少基材的散裂、粉化从而延长基材的寿命,又可以不影响建筑物的透气性。适用于建筑物外墙、桥墩、码头。

上海忠诚精细化工有限公司的 APE 2003 反应型乳化剂(丙烯酸聚醚磷酸酯)为固含量 95%～97% 的液体,属反应型乳化剂,可以改善乳液的附着力及耐水性,还赋予出色的防锈性能和阻燃性能,适用于具有特殊功能乳液的合成。

荷兰埃夫卡助剂公司的 EFKA-6220 通用色浆与涂料相容性促进剂(脂肪酸改性聚酯)可与 EFKA-4560 和 EFKA-1503 合用,能生产出水油两用的通用色浆。若将其添加到一般通用色浆中,能提高色浆与涂料系统的相容性。也可以作为膨润土的活化剂或丙烯酸系的增稠剂使用。

迪高化工公司的 Phobe 1035 胶印油墨用有机硅疏水剂(低分子量改性聚硅氧烷)适用于溶剂型和紫外光固化平版印刷油墨体系,具有促进油墨减少吸水量的作用,不会降低印刷油墨光泽,对印刷油墨的流变性影响极微,同时还有轻微气干性。可提高油墨产品的综合性能。

美国嘉智公司的 WE-D401 溶剂型漆用铝银浆助剂(特殊聚合物溶液)是飘浮型铝浆专用防黑剂。

汽巴精化的 Glaswax TA 水墨转移助剂(聚丙烯酰胺聚合物水溶液)能有效地提高水性柔凸版印刷墨的印刷效率,达到更干净和更精密的印刷效果,它是以特殊聚合物为骨干,能给予强大内聚力特性,以提高印刷墨从辊筒到辊筒或辊筒到物料的转移效率。

第7章 涂料性能检测

涂料的性能包括涂料产品本身的性能和涂膜的性能。

涂料产品本身的性能一般包括两个方面：① 涂料在未使用前应具备的性能，或称涂料的原始性能，所表示的是涂料作为商品在储存过程中的各种性能和质量情况。如涂料的透明度、颜色、密度、黏度、含固量、研磨细度及其储存稳定性等。② 涂料使用时应具备的性能，或称涂料的施工性能，所表示的是涂料的使用方式、使用条件、形成涂膜所要求的条件以及在形成涂膜过程中涂料的表现等方面的情况。如涂料的流平性、流挂性、遮盖力、涂膜厚度等。

涂膜的性能即涂膜应具备的性能，也是涂料最主要的性能。涂料产品本身的性能只是为了得到需要的涂膜，而涂膜性能才能表现涂料是否满足了被涂物件的使用要求，亦即涂膜性能表现涂料的装饰、保护和其他作用。涂膜性能包括范围很广，因被涂物件要求而异，主要有光学性能方面、力学性能方面、耐物化性能方面、耐化学品性能方面和耐候性能方面等各种性能。其中光学性能包括涂膜的外观、光泽、鲜映性、雾影、颜色、白度等；力学性能包括硬度、耐冲击、柔韧性、附着力、耐磨性、回黏性等；耐物化性能包括保光性、保色性、耐黄变性、耐热性、耐寒性、耐温变性等；耐化学品性能包括耐水性、耐盐水性、耐石油制品性、耐溶剂性等；耐候性能包括耐人工老化性、耐湿热性、耐盐雾性、抗霉菌性等。

为了方便大家掌握涂料助剂在涂料中性能的发挥以及评价方法，本书罗列了部分涂料性能的检测标准及其具体的实施方法，以供大家参考。

1. GB/T 1721—2008 涂料透明度测定法

目视法：将试样倒入干燥洁净的比色管中，调整温度到 23 ± 2 ℃，于暗箱的透射光下与一系列不同浑浊程度的标准液比较，选出与试样最接近的级别标准液。［以不同浓度柔软剂 VS(十八烷基乙烯脲)为标准液］

仪器法：透明度测试仪(透明度等级为 20～100，测量精度为 2%)

2. GB/T 1722—92 涂料颜色测定法

铁钴比色法：将试样装入洁净干燥的试管(内径 10.75 ± 0.05 mm，高 114 ± 1 mm)中，在 23 ± 2 ℃，置于人造日光比色箱(按照 GB 9761 规定)或木制暗箱(600 mm×500 mm×400 mm)内，以 30～50 cm 之间的视距的透射光下与铁钴比色计的标准色阶溶液进行比较。选出两个与试样颜色深浅最接近的，或一个与试样颜色深浅相同的标准色阶溶液。以标准色阶号数表示试样颜色的等级。

3. GB/T 1723—93 涂料黏度测定法

涂-1黏度计法：将试样搅拌均匀，必要时可用孔径为 246 μm 金属筛过滤，并调整温度至 23±2 ℃或 25±1 ℃。将试样倒入黏度计,调节水平螺钉使液面与刻线刚好重合,盖上盖子并插入温度计,静置片刻以使试样中的气泡溢出,在黏度计漏嘴下放置一个 50 mL 量杯。当试样温度达到 23±2 ℃或 25±1 ℃时,迅速提起塞棒,同时启动秒表。当杯内试样量达到 50 mL 刻度时停止秒表。试样流入杯内 50 mL 所需时间,即为试样的流出时间(s)。

涂-4 黏度计法:使用水平仪,调节水平螺钉,使黏度计处于水平位置;在黏度计漏嘴下放置一个 150 mL 搪瓷杯。用手指堵住漏嘴,将 23±2 ℃或 25±1 ℃试样倒满黏度计,用玻璃棒或玻璃板将气泡和多余试样刮入凹槽。迅速移开手指,同时启动秒表,待试样流束刚中断时立即停止秒表。秒表读数即为试样的流出时间(s)。

落球黏度计法:将透明试样倒入玻璃管中,使试样高于上端刻度线 40 mm。放入钢球,塞上带铁钉的软木塞。将永久磁铁放置在带铁钉的软木塞上。将管子颠倒使铁钉吸住钢球,再翻转过来,固定在架子上。使用铅锤,调节玻璃管使其垂直。将永久磁铁拿走,使钢球自由下落,当钢球刚落到上刻度线时,立即启动秒表。至钢球落到下刻度线时停止秒表。以钢球通过两刻度线的时间(s)表示试样黏度的大小。

4. GB/T 1724—2019 涂料细度测定法

刮板细度计法:将符合产品标准黏度指标的试样,用小调漆刀充分搅匀,然后在刮板细度计的沟槽最深部分,滴入试样数滴,以能充满沟槽而略有多余为宜。以双手持刮刀,横置于磨光平板上端,使刮刀与磨光平板表面垂直接触。在 3 s 内将刮刀由沟槽深的部位向浅的部位拉过,使漆样充满沟槽而平板上不留有余漆。刮刀拉过后,立即(5 s 内)使视线与沟槽平面成 15～30°角,对光观察沟槽中颗粒均匀显露处,记下读数。如有个别颗粒显露于其他分度线时,则读数与相邻分度线范围内,不得超过三个颗粒。

5. GB/T 1726—79 涂料遮盖力测定法

刷涂法:用漆刷将定量油漆均匀刷涂在玻璃黑白格板上,放在暗箱中,距离磨砂玻璃片 15～20 cm,有黑白格的一端与平面倾斜成 30～45 度交角,在 1 支和 2 支日光灯下观察,以都刚看不见黑白格为终点。以单位面积(cm²)对应的刷漆量表示涂料的遮盖力。

喷涂法:将试样调至适于喷涂的黏度(GB 1727—79),用喷枪将油漆薄薄地分层喷涂在 100 mm×100 mm 的玻璃板上。每次喷涂后放在玻璃黑白格板上,置于暗箱内距离磨砂玻璃片 15～20 cm,有黑白格的一端与平面倾斜成 30～45 度交角,在 1 支和 2 支日光灯下观察,以都刚看不见黑白格为终点。以单位面积(cm²)对应的刷漆量表示涂料的遮盖力。

6. GB/T 6750—2007 涂料密度的测定

比重瓶法:将固定体积的比重瓶和试样都控制在规定的温度。将被测试样注满比重瓶,注意防止比重瓶中产生气泡。称取瓶中试样重量,即可计算涂料的密度。

7. GB/T 6753.3—86 涂料储存稳定性试验方法

7.1　结皮、腐蚀及腐败味的检查

在开盖时,注意容器是否有压力或真空现象,打开容器后检查是否有结皮、容器腐蚀及腐败味、恶臭或酸味。其评定标准如下:

等级	标准
10	无
8	很轻微
6	轻微
4	中等
2	较严重
0	严重

7.2 沉降程度的检查

将调刀垂直放置于油漆表面的中心位置，调刀的顶端与油漆罐的顶面取齐，从此位置落下调刀，用调刀测定沉降程度。如果颜料已沉降，在容器底部形成硬块，则将上层液体的悬浮部分倒入另一清洁的容器中，存之备用。用调刀搅动颜料块使之分散，加入少量倒出的备用液体，使之重新混合分散，搅匀。再陆续加入倒出的备用液体，进行搅拌混合，直到颜料被重新混合分散，形成适于使用的均匀色漆，或者已确定用上述操作不能使颜料块重新混合分散成均匀的色漆为止。评定标准如下：

等级	标准
10	完全悬浮。与色漆的原始状态比较，没有变化。
8	有明显的沉降触感并且在调刀上出现少量的沉积颜料。用调刀刀面推移没有明显阻力。
6	有明显的沉降颜料块。以调刀的自重能穿过颜料块落到容器的底部。用调刀刀面推移有一定的阻力。凝聚部分的块状物可转移到调刀上。
4	以调刀的自重不能落到容器的底部。调刀穿过颜料块，再用调刀刀面推移有困难，而且沿罐边推移调刀刀刃有轻微阻力。但能够容易地将色漆重新混合成均匀的状态。
2	当用力使调刀穿透颜料沉降层时，用调刀刀面推移很困难，沿罐边推移调刀刀刃有明显的阻力。但色漆可被重新混合成均匀状态。
0	结成很坚硬的块状物。通过手工搅拌在3～5分钟内不能再使这些硬块与液体重新混合成均匀的色漆。

7.3 漆膜颗粒、胶块及刷痕的检查

将储存后的色漆刷涂于一块试板上，待刷涂的漆膜完全干燥后，检查试板上直径为0.8 mm左右的颗粒，及更大的胶块，以及由这种颗粒或胶块引起的刷痕，对不适宜刷涂的涂料，可用200目滤网过滤调稀的被测涂料，观察颗粒或胶块的情况。评定标准如下：

等级	标准
10	无
8	很轻微
6	轻微

(续表)

等级	标准
4	中等
2	较严重
0	严重

7.4　黏度变化的检查

如果试样搅拌后能使所有沉淀物均匀分散,则不应让色漆重新放置,立即用黏度计测定色漆的黏度。如有未分布均匀的沉淀物或结皮碎块,可用 100 目筛网过滤之后再行测试。测定黏度时试样的温度可按产品规定的要求,保持在 23 ± 2 ℃或 25 ± 1 ℃,黏度以秒数表示,精度到 0.1 s。评定的标准如下:

等级	标准
10	黏度的变化值,不大于 5%
8	黏度的变化值,不大于 15%
6	黏度的变化值,不大于 25%
4	黏度的变化值,不大于 35%
2	黏度的变化值,不大于 45%
0	黏度的变化值,大于 45%

8. 颜料分散性的评定方法

8.1　GB/T 21867.1—2008 由着色颜料的着色力变化进行评定

(1) 冲淡浆的制备

称取适量的着色颜料浆和白色颜料浆混合得到适当颜色深度的冲淡浆。对于低黏度的浆,可将着色颜料浆和白色颜料浆放在烧杯中,用玻璃棒或调刀搅拌混合,直到混合均匀;对于高黏度的浆,可使用自动平磨机混合着色颜料浆和白色颜料浆,混合时上层板不施加载荷。

(2) 冲淡浆的评定

将冲淡浆涂布在黑白卡纸上进行试验,目视测定其完全遮盖黑白卡纸所需的最小厚度。用漆膜涂布器以至少最小的厚度把试样和商定参照颜料的冲淡浆分别快速涂布在底材上,制得均匀厚度的湿膜。厚度大于 $100\mu m$ 的湿膜会出现发花和浮色现象,因此为使分离(发花、浮色)减至最低程度,如果 $100\ \mu m$ 厚的湿膜不能获得不透明膜,则可进行第二次刮涂,如有必要可进行第三次刮涂,但必须在前一道膜干后再进行刮涂。

当膜开始变粘时,应进行擦拭实验(擦拭实验测定是否出现了颜色分离,如发花、浮色或絮凝):用手指轻轻擦拭每个膜的一部分,目视比较擦过与未擦过表面之间在颜色深度上的差别。

(3) 光度计测量

使用光谱光度计,在 400 nm～700 nm 之间改变波长进行测定,直至得到最小 ρ_∞ 和

R_∞,并在此波长下进行测量。

如果使用带有滤色片的光度计或三刺激值色度计,则须选用滤色片,以使测量波长限制在接近最大吸收的波长。

在一组比较试验中,应使用相同的波长或滤色片。记录测得的ρ_∞和R_∞,在 GB/T 13451.2—1992 的附录 A 中读取相应的 K/S 值。

选择两个商定的分散阶段 1 和 2,其中阶段 2 接近于最大着色力,用下式计算着色力的增加值:

$$IS=[(K/S)_2/(K/S)_1-1]\times100$$

式中:IS——着色力的增加值,以%表示;

$(K/S)_1$——阶段 1 结束时的 K/S 值;

$(K/S)_2$——阶段 2 结束时的 K/S 值。

8.2 GB/T 21867.2—2008 由研磨细度的变化进行评定

(1)分散

从 GB/T 21868 系列方法中选择一种分散方法按商定的浓度将每种颜料分散至商定的漆基体系中。至少进行四个阶段的研磨分散,并选择基本上按几何级数区分的中间阶段。

最终研磨阶段应选择在使颜料的研磨细度好于或等于商定的研磨细度值。中间研磨阶段应相当于达到最终研磨阶段所需阶段(时间或转数)的一半。

如果待测的试样在给定条件下分散的难易程度是未知的,不能确定其最佳的分散阶段,那么应按最初的探索试验确定。为此,建议至少测定两个分散阶段的颜料研磨细度。对两个坐标轴采用计算尺绘制研磨细度值的曲线图,再把连接这些值的线外推得到适宜的分散性指标,然后选择适宜的中间分散阶段。

(2)研磨细度的测定

在每个分散阶段后用刮刀从研磨料中取少量样品,然后按 GB/T 6753.1—2007 中规定的方法测定每个分散阶段样品的研磨细度。

(3)结果的表示

对两个坐标轴采用计算尺绘制按(2)测得的,以微米表示的研磨细度读数对逐步加强的各分散阶段(可用研磨时间、转数表示)函数的图,用一条平滑曲线连接这些点。

采用内插法由曲线图可确定达到规定研磨细度指标值所需的分散阶段,如以研磨时间、自动研磨机的研磨转数等表示。

对不能达到商定的研磨细度的情况,则报告最终分散阶段之后测得的研磨细度作为实际可得到的最高研磨细度。

8.3 GB/T 21867.3—2008 由光泽的变化进行评定

(1)涂料的施涂

施涂条件对光泽有很大的影响,因此有关双方应对施涂条件达成协议,并严格遵守。把研磨料尽快地在商定的条件下涂布到底材上,确保涂膜表面没有任何缺陷。

(2)干燥

涂膜的干燥条件可能对光泽有影响,因此双方应对此达成协议并严格遵守。将涂漆样板置于无烟雾的条件下自然干燥或于商定的条件下烘烤。自然干燥或烘烤时,同一试验系列的所有涂漆样板的排列方向应相同(垂直或水平)。

（3）光泽的测定

按 GB/T 9754—2007 规定的方法测定样板光泽,每块样板上重复测定三次,计算三次测定结果的平均值。在同系列测定中(对于同一光泽变化曲线),测量几何条件要保持一致。

（4）结果的表示

绘制光泽平均值对逐步加强的各分散阶段(可用研磨时间、转数等表示)函数的图,通过这些点绘制尽可能平滑的曲线。

采用内插法由曲线图可确定达到光泽指标值所需的分散阶段,如以研磨时间、自动研磨机的研磨转数等表示。

如果没有达到光泽的指标值,则报告最后分散阶段之后测得的光泽值作为可达到的最高光泽值。

9. 评定分散性用的分散方法

9.1　GB/T 21868.1—2008 总则

研磨料:漆基、溶剂、颜料和助剂的混合物。

分散程度:在规定条件下研磨时,颜料颗粒被研磨分离而且能稳定于漆基体系中的程度。

分散性:在规定条件下,分散程度固定不变时的分散情况。

分散的难易程度:颜料在漆基体系研磨过程中,达到规定分散程度的速度(快慢)的量度。

聚集体:一种结合在一起的颗粒集合体,通常在色漆或油墨制造过程中不能被分散。

附聚体:一种最初颗粒、聚集体或原初颗粒与聚集体的混合物的集合体,这种集合体通常在色漆或油墨制造过程中可以被分散。

9.2　GB/T 21868.2—2008 用振荡磨分散

（1）装填容器

称取适量研磨球置于容器内,加入所需要的漆基量,摇动容器使漆基润湿研磨球,然后加入规定量的颜料,小心摇动容器使颜料润湿。

（2）分散

制备好最后一个研磨料后立即将容器放在座架上,并把座架夹在油漆调制机上。在几个(商定)振荡时间里,每振荡一个后应取出部分分散试样。至少应从下列振荡时间里选择 4 个振荡时间:

分散性差的颜料:5 min、10 min、20 min、40 min、80 min、160 min

高分散性的颜料:1 min、2 min、4 min、8 min、16 min、32 min

所取试样的总量应不超过最初研磨料量的 15%,否则要对每个时间间隔分别进行分散。

（3）稳定

如有必要,例如研磨料不够稳定时,从研磨料中取出每个试验样品后,应设法使之稳定,例如可通过加入更多的漆基和/或特定的助剂的方法达到。操作步骤由有关方商定。

9.3 GB/T 21868.3—2008 用高速搅拌机分散

(1) 准备

称取预定量的漆料,放入容器中,称取预定量的颜料,放入另一个容器中。如评价分散性的准则是用着色力变化来评定,则颜料和漆基体系的称量应精确到 0.5% 以内;对于其他评价方法,可商定更宽的允许范围。

(2) 预混合

如果合适的话,将容器和漆基体系的温度升到商定温度,将搅拌叶轮浸入商定的深度。在慢速搅拌下,在 5 min 间隔内逐渐加入颜料。加入颜料的速度要使得少量未润湿颜料在表面上总是保持可见。关闭电动机,将搅拌提起,用刮刀将黏附在搅拌轴和容器壁上的颜料刮入研磨料中。

(3) 分散

把搅拌浸入容器中商定的深度,将旋转速度调至商定值。从流动模式进一步验证研磨料的组成是否合适。如果不合适,调节容器中的颜料量和漆基体系的量,直到流动模式合适,然后使用调整后的配方进行重新配料准备。

按下列进行几个搅拌时间试验后取研磨料的试验样品:

在进行了若干个商定的搅拌时间试验后停止搅拌(例如 4 min、8 min、16 min、32 min)并取少量的试验样品,测量研磨料的温度,在重开搅拌前将温度调至商定值。

(4) 稳定

如有必要,例如研磨料不够稳定时,从研磨料中取出每个试验样品后,应设法使之稳定,例如可通过加入更多的漆基和/或特定助剂的方法达到。

(5) 排气

如有必要,让试样中的所有气泡在评价分散性前逸出,达到此目的的方法(如静置、超声等)应由有关双方商定。

9.4 GB/T 21868.4—2008 用砂磨分散

(1) 预混合

称取商定量的漆基体系和颜料,将其加入筒体中。如评价分散性的准则是用着色力变化来评定,则颜料和漆基体系的称量应精确到 0.5% 以内;对于其他评价方法,可商定更宽的允许范围。

用适当的搅拌装置搅拌,不加研磨球,直至颜料润湿为止。预混合的时间应商定并记录在试验报告中。

(2) 分散

加入适量的研磨球。如果需要,将研磨料加热到商定的温度。在商定的有效圆周线速度下进行分散。要确保研磨球自由地运动;如研磨球不能自由运动,则应调整研磨料的组成并重新进行预混合。

按下列进行几个搅拌时间试验后取研磨料的试验样品:

在进行了若干个商定的搅拌时间试验后停止搅拌(例如 4 min、8 min、16 min、32 min)并取少量的试验样品,测量研磨料的温度,在重开搅拌前将温度调至商定值。用过滤网除去试样中的所有研磨球。

(4) 稳定

如有必要,例如研磨料不够稳定时,从研磨料中取出每个试验样品后,应设法使之稳定,例如可通过加入更多的漆基和/或特定助剂的方法达到。

(5) 排气

如有必要,让试样中的所有气泡在评价分散性前逸出,达到此目的的方法(如静置、超声等)应由有关双方商定。

9.5　GB/T 21868.5—2008 用自动平磨机分散

(1) 分散

称取商定量的漆基体系和颜料,称取的多少取决于研磨平板的大小。在分散时如浆从平板的边缘流出,则研磨料的量要适当减少。如评价分散性的准则是用着色力变化来评定,则颜料和漆基体系的称量应精确到 0.5％以内;对于其他评价方法,可商定更宽的允许范围。

在自动平磨机下层板的中心放漆基体系,颜料洒在漆基上,用调刀使用最小的力将其混合在一起。将浆体在离下层板中心约 35 mm 处的圆圈上分布为若干点或将浆料铺展在内径为 40 mm、外径 100 mm 的环内。

清洁调刀,尽可能多地将浆料擦在研磨机上层板上。

合上研磨机板,在商定的负荷、运转频率和几个连续阶段的运转次数(如 50、100、200、400 等)下研磨混合物。中途通过每一个阶段(如 25、75、150、300 等)和在每一个阶段结束时,用调刀将研磨浆料刮在一起并混合均匀,然后按上面所述方法再分散。在每一个商定分散阶段结束时取一个试样。当取样大于两个或取样量达到浆料量的 15％时,对于每个研磨阶段需用新的研磨料混合物重新操作。

(2) 稳定

如有必要,例如研磨料不够稳定时,从研磨料中取出每个试验样品后,应设法使之稳定,例如可通过加入更多的漆基和/或特定助剂的方法达到。

9.6　GB/T 21868.6—2008 用三辊磨分散

(1) 试样量

称取商定量的漆基体系和颜料,原则上研磨料质量不少于 50 g。如评价分散性的准则是用着色力变化来评定,则颜料和漆基体系的称量应精确到 0.5％以内;对于其他评价方法,可商定更宽的允许范围。

(2) 预混合

用调刀充分混合商定量的颜料和漆基体系。将三辊磨的辊子预热至商定的温度,将第一个辊子和第二个辊子调节到最低的压力位置,使第三辊不粘料。将研磨料装到第一辊上,开动三辊磨进行混合,直至达到均匀分散。

另外,经双方商定,可以采用高速(叶轮)搅拌或其他适宜的设备来进行预混合。此时,应按上述预混合好的研磨料加到三辊磨的第一个辊上,而且保证它的温度略低于预热辊子上的温度。

（3）分散

继预混合之后辊子仍然转动，调节辊子使之产生摩擦，也就是将辊子接触压力调节到适合于研磨料的黏度的程度（第二辊和第三辊上形成一个研磨料的薄而均匀的涂层）。首先应调节第一辊和第二辊的接触间隙，最后调节第三辊（使金属辊与金属辊任何时候都不会接触）。

当第一辊几乎没有物料，而刚好最后一点料通过中间辊子之前就认为是完成了一道。任何流出辊子两侧的物料应弃去，因为它可能被弄脏也可能没有正常地分散。适宜的辊子接触压力应通过预实验来确定而且应通过有关双方来商定。

如果对两种或更多种颜料进行比较，则应调节含有各种颜料的已制备的研磨料的温度，使之温差不超过 2 ℃。

将研磨料从三辊磨的导料板上收集到一个适合的容器中，用调刀进行充分混合。可以在研磨一遍之后，按 GB/T 6753.1—2007 测量物料的研磨细度来评定分散的难易性，也可以在每遍之后一遍或多遍分散试样，按 GB/T 21867 规定的方法来评定分散性好坏。

（4）稳定

如有必要，例如研磨料不够稳定时，从研磨料中取出每个试验样品后，应设法使之稳定，例如可通过加入更多的漆基和/或特定助剂的方法达到。相反，对于低黏度的研磨料（例如对于振荡磨、砂磨或高速搅拌可以使用这样的研磨料），稳定则并不重要。

10. GB 1720—79 漆膜附着力测定法

按《漆膜一般制备法》(GB 1727—79)在马口铁板上制备样板 3 块，待漆膜实干后，于恒温恒湿的条件下测定。测定时，将样板正放在附着力测定仪的试验台上，固定，使指针的尖端接触漆膜，调节砝码，确保划痕露出底板。按顺时针方向均匀摇动摇柄，转速以 80～100 转/分为宜，圆滚线划痕标准图长为 7.5±0.5 cm。取出样板，用漆刷除去漆屑，以四倍放大镜检查划痕并评级。

评级方法：以样板上划痕的上侧为检查目标，依次标出 1、2、3、4、5、6、7 等七个部位，相应分为七个等级。按顺序检查各部位的漆膜的完整程度，如果某一部位的格子有 70% 以上完好，则定为该部位是完好，否则应认为坏损。例如，部位 1 漆膜完好，附着力最佳，定为一级；部位 1 漆膜坏损而部位 2 完好，附着力次之，定为二级。以此类推，七级为附着力最差。

11. GB/T 1731—93 漆膜柔韧性测定法

除另有规定的情况外，试验按 GB 1764 规定的恒温恒湿条件进行。

用双手将试样漆膜朝上，紧压于规定直径的轴棒上，利用两大拇指的力量在 2～3 s 内，绕轴棒弯曲试板，弯曲后两大拇指应对称于轴棒中心线。弯曲后，用 4 倍放大镜观察漆膜。检查漆膜是否产生网纹、裂纹及剥落等破坏现象。

12. GB/T 1732—2020 漆膜耐冲击测定法

除另有规定外，应在 23±2 ℃和相对湿度 50%±5% 的条件下进行测试。

将涂漆板漆膜朝上平放在铁砧上，试样受冲击部分距边缘不少于 15 mm，每个冲击点的边缘相距不少于 15 mm。重锤借控制装置固定在滑筒的某一高度（其高度由产品标准规定或商定），按压控制钮，重锤即自由地落于冲头上。用 4 倍放大镜观察，判断漆膜有无裂纹、皱纹及剥落等现象。

13. GB/T 1733—93 漆膜耐水性测定法

13.1　浸水试验法

在玻璃水槽中加入蒸馏水或去离子水,调节水温至 23±2 ℃,并在整个测试过程中保持该温度。将三块试板放入水中,使每块试板长度的 2/3 浸泡于水中。

在产品标准规定的浸泡时间结束后,将试板取出,用滤纸吸干,立即或按产品规定的时间状态调节后以目视检查试板,并记录是否有失光、变色、起泡、起皱、脱落、生锈等现象和恢复时间。

13.2　浸沸水试验法

在玻璃槽中加入蒸馏水或去离子水,保持水处于沸腾状态,直到试验结束。

将三块试板放入水中,使每块试板长度的 2/3 浸泡于水中。按照 13.1 的规定进行评定。

14. GB/T 1735—2009 漆膜耐热性测定法

在规定或商定的温度和时间下进行试验。

将多块试板放入规定温度的鼓风烘箱或高温炉中,如试验在烘箱中进行,则试板距离烘箱每一面的距离不小于 100 mm,试板间距不小于 20 mm;如试验在高温炉中进行,则尽量将试板放在高温炉的中间部位。在规定温度下将试板放置规定时间。能确保涂漆试板均匀受热的最好方法是用细铁丝将试板悬挂起来,也可将试板放在由合适的耐热材料制成的试板架上或将试板的涂漆面向上放在位于支承物上的由耐热材料制成的板上。

达到规定时间后,将试板取出并冷却到室温。检查试板并与未加热的样板比较,观察涂膜颜色是否有变化或其他破坏现象,以至少两块试板现象一致为试验结果。

15. GB/T 1740—2007 漆膜耐湿热测定法

将试板垂直挂于搁板上,搁板放入预先调到温度为 47±1 ℃、相对湿度 96±2% 的调温调湿箱中。连续试验 48 h 检查一次;两次检查后,每隔 72 h 检查一次。

检查是在光线充足或灯光直接照射下与标准板比较进行的,分别评定试板生锈、起泡、变色、开裂或其他破坏现象。以 3 块试板中级别一致的两块为准。

16. GB/T 1762—80 漆膜回黏性测定法

将滤纸片光面朝下置于距离样板边缘不少于 1 cm 处的漆膜上,放入调温调湿箱,将在温度 40±1 ℃、相对湿度 80±2% 条件下预热的回黏性测定器放在滤纸片的正中,关上调温调湿箱。5 分钟内升到温度 40±1 ℃、相对湿度 80±2%,保持 10 分钟。迅速垂直向上拿掉测定器,取出样板。在恒温恒湿条件下放置 15 分钟,用 4 倍放大镜观察。

评定方法:

(1)样板倒转,滤纸片能自由落下,或用握板的手的食指轻敲几下,滤纸片能落下者为 1 级。

(2)轻轻掀起滤纸片,允许有印痕,粘有稀疏、轻微的滤纸纤维,纤维总面积为在 1/3 cm² 以下者为 2 级。

(3)轻轻掀起滤纸片,允许有印痕,粘有密集的滤纸纤维,纤维总面积为在 1/3～1/2 cm² 者为 3 级。

评定时,每个试样同时制备三块样板进行测定,以两块结果一致的级别为评定结果。

17. GB/T 6739—2006 铅笔法测定漆膜硬度

将涂漆样板放在水平的、稳固的表面上。将铅笔插入试验仪器中并用夹子固定,使仪器保持水平,铅笔的尖端放在漆膜表面上。当铅笔的尖端刚接触到涂层后立即推动试板,以 0.5~1 mm/s 的速度朝远离操作者的方向推动至少 7 mm 的距离。清除碎屑,用 6~10 倍放大镜评定漆膜的破坏程度。

如果未出现划痕,则更换较高硬度的铅笔,在未进行过试验的区域重复试验,直到出现至少 3 mm 的划痕为止;

如果已经出现了超过 3 mm 的划痕,则降低铅笔的硬度,在未进行过试验的区域重复试验,直到超过 3 mm 的划痕不再出现为止。

以没有使涂层出现 3 mm 及以上划痕的最硬的铅笔的硬度表示涂层的铅笔硬度。

18. GB 9273—88 漆膜无印痕试验

涂好漆的样板应在标准环境(温度 23±2 ℃、相对湿度 50±5%)下进行干燥;需用烘烤的产品,烘干后应在上述环境下放置。

样板水平放置在试验台上,把一块正方形的聚酰胺丝网放在涂层表面,并在正方形中心放一块橡皮圆板,然后在橡皮圆板上小心放上所需重量的砝码,使圆板的轴线与砝码的轴线重合,同时启动秒表或定时钟。

10 min 后移去重物、橡皮圆板及正方形丝网,以正常的视力立即检查试验面积内的涂层表面情况。如果看不见印痕则为无印痕。

19. GB 9274—88 漆膜耐液体介质的测定

19.1 浸泡法

将足量的试液倒入容器中,以完全或部分(2/3)浸没规定的试件,可用适当的支架使试件以垂直位置浸入。为减少试液的挥发或溅洒,容器要加盖。

当达到规定浸泡期终点时,如果是水溶液,就用水彻底清洗测试件;如果是非水测试液,则用已知对涂层无损害的溶剂来冲洗,以适宜的吸湿纸或布擦拭表面除去残留液体,并立即检查试件涂层变化情况。可与未浸泡试件对比。如果规定有恢复期,应在规定恢复期后,重复这种检查和对比。

19.2 吸收性介质法

使吸湿盘浸入适当数量的试液,然后让多余液体滴干,将盘放至试板上,使盘均匀地分布,且至少离试板边缘 12 mm。用直径约 40 mm,且曲率接触不到圆盘的表面皿盖上盖子,使试板在受试期(不超过 7 天)妥善置于无风环境。

规定的试验期后移去盘子,如果测试液是水溶液,就用水彻底清洗;如果是非水液体,则用已知对涂层无损害的溶剂彻底清洗。以适当的吸湿纸或布沾吸表面除去残留液体,并立即检查试件涂层变化现象。如果规定有恢复期,应在规定恢复期后,重复这种检查和对比。

19.3 点滴法

将试板置于水平位置,并在涂层上滴加数滴试液,每滴体积约 0.1 mL,液滴中心至少间隔 20 mm,且至少离试板边缘 12 mm,保持温度为 23±2 ℃。

达到规定期后,如果是水溶液就用水彻底清洗;如果是非水液体,则用对涂层无损害的溶剂彻底清洗,并立即检查涂层的变化现象。

20. GB/T 9286—1998漆膜的划格试验

将试样平放在坚硬、平直的物面上,以防试验过程中样板变形。如果样板是木质材料,则在与木纹呈45°方向进行切割。

握住刀具,使刀垂直于样板表面,对刀具均匀施力,并采用适宜的间距导向装置,用均匀的切割速度在涂层上形成规定的切割数。所有切割都应划透至底材表面。重复上述操作,再作相同数量的平行切割线,与原先切割线呈90°角相交,以形成网格图形。

用软毛刷沿网格图形的每一条对角线,轻轻向后扫几次,再向前扫几次;对硬底材则用胶粘带,按均匀的速度拉出一段胶粘带,除去最前面的一段,然后剪下长约75 mm的胶粘带。把该胶粘带的中心点放在网格上方,方向与一组切割线平行,然后用手指把胶粘带在网格上方的部位压平,胶粘带长度至少超过网格20 mm。粘上胶粘带5 min内,拿住胶粘带悬空的一端,并在尽可能接近60°的角度,在0.5~1.0 s内平稳地撕离胶粘带。

评定:

如果切割边缘完全平滑,无一格脱落,定为0级;

在切口交叉处有少许涂层脱落,但交叉切割面积受影响未明显大于5%,定为1级。

在切口交叉处和/或沿切口边缘有涂层脱落,受影响的交叉切割面积明显大于5%,但不大于15%,定为2级。

涂层沿切割边缘部分或全部以大碎块脱落,和/或在格子不同部位上部分或全部脱落,受影响的交叉切割面积明显大于15%,但不大于35%,定为3级。

涂层沿切割边缘以大碎块脱落,和/或一些方格部分或全部脱落,受影响的交叉切割面积明显大于35%,但不大于65%,定为4级。

剥落的程度大于4级,定为5级。

21. GB/T 23982—2009木器涂料抗粘连性测定法

将六块试板堆积,从下往上放置顺序为:(1)一块面朝上;(2)两块面朝下;(3)一块面朝上;(4)两块面朝下。保证两块面对面、两块面对背接触。

按产品标准的规定或商定的要求,在最上层试板上施加一定质量的负荷,置于规定温度的烘箱中。保持该温度一定时间,将试板从烘箱中拿走,除去压力后使试板分离。首先拿出最下层的试板,接着是与最底下的试板相邻的试板,检查所有的试板是否都能靠自身重量自由落下,不能通过自由下落分离的试板用手分开放在一边。

观察试板分离时的难易程度并检查漆膜表面的破坏程度。结果以"粘连等级"和"表面损坏等级"两种形式相结合来表示。

粘连等级:

A——自由下落分离;B——轻微敲打后分离;C——施加轻微拉力后分离;D——施加中等拉力后分离;E——施加极大拉力后分离;F——要使用工具才能分离。

表面损坏等级:

0——没有损坏;1——≤1%损坏;2——1%~5%的损坏;3——5%~20%的损坏;4——20%~50%的损坏;5——≥50%的损坏。

结果以"粘连等级"和"表面损坏等级"两种形式相结合来表示。两个涂漆面直接接触的成为面对面(MM),涂漆面与未涂漆面直接接触的成为面对背(MB)。如面对背粘连等级为 B,表面损坏等级为 3,则结果表示为"MB:B‐3"。

通常情况下两组面对面的结果应一致,两组面对背的结果应一致。如结果不一致,应重新制板进行试验;如结果还不一致,取较差的结果作为该组的最终结果。

22. GB/T 23983—2009 木器涂料耐黄变测定法

将试板固定于试验设备的试板架上,测试面朝向光源,按制造商说明排列,并将试验区的空间用被测板或空白板填满。将样板置于黑板温度为 60±3 ℃,辐照度 0.68 W/m²的条件下,连续光照暴露 168 h 或更长时间。

实验结束后,用测色仪测量色差值,以"ΔE"表示。

23. GB/T 23989—2009 涂料耐溶剂擦拭性测定法

在样板表面选取 120 mm 长擦拭区域,用自来水清洁涂层表面,除去表面疏松物质后晾干。用 GB/T 13452.2 中规定的方法测定选定区域丁涂层的厚度,以 μm 表示;用铅笔或其他合适耐溶剂的记号笔,在干净、无损涂层表面划取 120 mm×25 mm 的试验区域。

脱脂棉用规定的溶剂浸至润湿状态(用手挤压无液滴滴下),挥发时间不超过 10 s。将经过安全保护的食指,放在脱脂棉中心,拇指和其他手指捏紧脱脂棉其他部位,将食指与测试涂膜表面成 45°角,用合适的压力(1 000 g~2 000 g 之间)擦拭长方形测试区域,先向前(离开测试者方向)擦,然后向后擦。向前和向后一次擦拭为一次往复擦拭,一次往复擦拭控制在 1 s 左右。

继续擦拭涂膜表面,共 25 次往复擦拭。在散射日光下目视检查试板长度的中间 8 cm 区域的涂膜,观察其是否破损露出底材。

同一试样制备两块样板进行平行试验,擦拭至规定次数时,以两块试板中有一块未露出底板即评为"通过"。

24. GB/T 31591—2015 漆膜耐擦伤性的测定

将试板涂漆面向上靠着滑台挡板放在移动滑台上;将砝码放在秤盘上,开始时的砝码质量比预期引起涂层擦伤的质量稍小。松开平衡梁并小心放下,在滑针已处于涂层上后,立即将移动滑台推向试验仪的远端,移动速度约为 3 mm/s~6 mm/s,距离至少为 75 mm。

在适当放大倍数下或用肉眼检查涂层是否擦伤。如果初始负荷未擦伤,则用更大负荷继续进行试验,试验在不重叠位置进行,负荷递增量为 0.5 kg,直至擦伤为止;如果初始负荷擦伤,则用更小负荷继续进行试验,负荷递减量为 0.5 kg,直至涂层不再擦伤为止。

确定出现的是哪种类型的擦伤缺陷,缺陷定义为:1) 塑性形变:永久性的表面压痕,含有或不含任何表面瑕疵或内聚裂痕;2) 表面瑕疵:由试验划线区和邻近表面之间光的散射差异而造成的外层表面的缺陷;3) 表面划痕:一种划透表面的连续切割痕或擦伤痕;4) 内聚裂痕:可见的表面开裂或裂痕;5) 上述情况的结合。

当临界负荷(擦伤刚好出现的那个负荷)大致确定后,则以下列三个负荷:高于临界负荷 0.5 kg、低于临界负荷 0.5 kg 和临界负荷均重复试验五次。为达到较高的精确度,在临界负荷范围使用更小的增量和减量(如 0.25 kg 或 0.1 kg)。

对于临界负荷或上下邻近临界负荷的每个负荷,记录涂层被擦伤的次数。以五次测定中至少 2 次引起涂层擦伤的负荷作为涂层擦伤的最小负荷。

25. HG 2—1611—85 漆膜耐油性测定法

25.1 耐汽油性测定法

（1）浸汽油法

将涂漆板的 2/3 面积浸入温度为 25±1 ℃按产品规定的汽油中；待达到按产品标准规定的浸泡时间后，取出试板，用滤纸吸干，在恒温恒湿条件下检查漆膜表面皱皮、起泡、剥落、变软、变色、失光等现象，合格与否按产品标准规定。

以不少于两块试板符合产品标准规定为合格。浸泡界线上下各 0.5 cm 宽的部分不作重点观察判断。

（2）浇汽油法

在恒温恒湿条件下将涂漆试板浇上按产品标准规定的汽油 5 mL，立即使其布满试板，并使试板成 45°角放置 30 min 后放平，于漆膜上放一块二层纱布，再放一个 500 g 砝码，保持 1 min 后取下，纱布不应粘在漆膜上，或用手指在试板背面轻敲几下，纱布能自由落下。

25.2 耐变压器油测定法

将试板一半浸入变压汽油中，一半露于空气，然后放入烘箱中，以 25～30 min 的时间升温至 105±2 ℃（或按产品标准规定的其他温度），保持 24 h。取出试板，用纱布擦净。如其中有两块试板符合下列要求，则耐油性为合格：

1）浸入油中的漆膜与上部未浸油的漆膜表面应平整光滑，无起泡、起皱及脱落等现象。

2）漆膜不应被纱布擦掉。

25.3 耐润滑油性测定法

将试板浸入润滑油中，试验时间及温度按照产品标准的规定执行。取出试板，用棉纱布轻轻拭掉润滑油，并用汽油将余留的润滑油洗掉，再放置 1 h，使汽油挥发，然后检查漆膜并应符合产品标准中有关项目的要求。

在试验硝基蒙布磁漆的耐润滑油性时，取一块蒙布，其尺寸大小为 5 cm×35 cm，涂上待测的蒙布漆，并以用过的润滑油将其淋湿，经产品标准所规定的试验时间后，用汽油洗掉润滑油，并检查漆膜应符合产品标准中有关项目的要求。

26. HG/T 3344—2012 漆膜吸水率测定法

准确称量处理好的三块底板的质量；按产品标准规定或商定的方法制备三块试板并进行干燥，实干后测试；需要封边的试板，应在试板边缘涂上石蜡。

在容器中加入适量的符合 GB/T 6682 要求的三级水，三块试板垂直浸入水中，水温调节为 23±2 ℃，其表面不应附有气泡，板与板、板与容器壁之间不接触。浸水 24 h 后将试板用镊子取出，迅速用滤纸吸干并称重。

每块试板自水中取出至称重完毕的间隔时间不超过 2 min。

27. GB/T 16906—1997 涂料电阻率测定法

在涂漆试板上选择五处平整、清洁的涂层表面，用无水乙醇清洁选好区域，清洗面积至少达到 40 cm×130 mm 以上，然后自然晾干。

用涂料电阻率测定仪分别测试各处涂层表面的电阻率，取五处涂层表面电阻率的平均值作为测量结果。

参考文献

[1] 洪啸吟,冯汉保,申亮.涂料化学(第三版)[M].北京:科学出版社,2019.

[2] 姜佳丽.涂料配方设计(第二版)[M].北京:化学工业出版社,2019.

[3] 涂料与颜料标准汇编[M].北京:中国标准出版社,2018.

[4] 曾正明.涂料速查手册(第二版)[M].北京:机械工业出版社,2018.

[5] 官仕龙.涂料化学与工艺学[M].北京:化学工业出版社,2013.

[6] 曾晋,陈燕舞.涂料与涂装的安全与环保[M].北京:化学工业出版社,2012.

[7] 武利民.涂料技术基础[M].北京:化学工业出版社,2009.

[8] 林宣益,倪玉德.涂料用溶剂与助剂[M].北京:化学工业出版社,2012.

[9] 鲁钢,徐翠香,宋艳.涂料化学与涂装技术基础(第二版)[M].北京:化学工业出版社,2012.

[10] 林宣益.涂料助剂(第二版)[M].北京:化学工业出版社,2006.

[11] 焦可伯.涂料助剂大全[M].上海:上海科学技术文献出版社,2000.

[12] 黄山.超分散剂的发展及前景[J].化工设计通讯,2018(5),73-73.

[13] 吴星亮.一种聚酯为溶剂化链的炭黑超分散剂[D].江苏:中国矿业大学,2019.

[14] 金逐中.颜料、分散剂的结构及分散剂的作用[J].现代涂料与涂装,2016,19(1),39-42.

[15] 张钰,张军平,李垚等.超分散剂的研究及应用现状[J].玻璃钢/复合材料,2012(6),86-88+40.

[16] 李新利.超分散剂的研究进展[J].精细与专用化学品,2011,19(4),39-42.